BIM 应用系列教程

BIM算量一图一练

朱溢镕 吕春兰 樊磊 主编

安装工程

化学工业出版社

·北京·

本书共包括两套图纸。其中一套为案例讲解图纸，结合《安装工程BIM造价应用》一书中实际的建筑工程各分部分项具体内容，进行全过程细化分析讲解。读者在学习专业基础知识的同时，通过完整的案例分析讲解可以有效地把握分部分项模块化训练及整体知识，提升读者对整体建筑工程的计量计价能力；另一套为案例实训图纸，通过《安装工程BIM造价应用》教材中实训任务的布置及要求，使读者独立完成该案例工程的各分部分项工程实训内容的编制，从而提升读者独立编制建筑工程投标报价能力。

本图纸主要针对建筑类相关专业识图及安装工程计量与计价课程学习使用，可以作为高等院校工程管理、造价管理、房地产经营管理、审计、公共事业管理、资产评估等专业的识图算量教材，同时也可以作为建设单位、施工单位、设计及监理单位工程造价人员学习的参考案例。

本书只可以用于教学，不可用于施工。

图书在版编目（CIP）数据

BIM算量一图一练：安装工程/朱溢镕，吕春兰，
樊磊主编. —北京：化学工业出版社，2017.9（2023.8重印）
BIM应用系列教程
ISBN 978-7-122-30372-1

Ⅰ.①B… Ⅱ.①朱… ②吕… ③樊… Ⅲ.①建筑设
计-计算机辅助设计-应用软件-图集 Ⅳ.①TU201.4-64

中国版本图书馆CIP数据核字（2017）第188949号

责任编辑：吕佳丽　　　　　　　　　　　　装帧设计：张　辉
责任校对：王　静

出版发行：化学工业出版社（北京市东城区青年湖南街13号　邮政编码100011）
印　　装：大厂聚鑫印刷有限责任公司
880mm×1230mm　1/8　印张11¼　字数328千字　2023年8月北京第1版第5次印刷

购书咨询：010-64518888　　　　　　　售后服务：010-64518899
网　　址：http://www.cip.com.cn
凡购买本书，如有缺损质量问题，本社销售中心负责调换。

定　　价：29.00元　　　　　　　　　　　　　　版权所有　违者必究

序

建筑行业作为国民经济支柱产业之一，转型升级的任务十分艰巨，BIM 技术作为建筑行业创新可持续发展的重要技术手段，其应用与推广对建筑行业发展来说，将带来前所未有的改变，同时也将给建筑行业带来巨大的前进动力。

伴随着 BIM 技术理念不断深化，范围不断拓展，价值不断彰显，呈现出了以下特点：一是应用阶段从以关注设计阶段为主向工程建设全过程扩展；二是应用形式从单一技术向多元化综合应用发展；三是用户使用方式从电脑应用向移动客户端转变；四是应用范围从标志性建筑向普通建筑转变。它对建设行业是一次颠覆性变革，对参与建设的各方，无论从工作方式、工作思路、工作路径都将发生革命性的改变。

面对新的趋势和需求，从技术技能应用型人才培养角度出发，需要我们更多地理解和掌握 BIM 技术，将 BIM 技术与其他先进技术融合到人才培养方案，融合到课程、融合到课堂之中，创新培养模式和教学手段，让课堂变得更加生动，使之受到更多学生的喜爱和欢迎。

本套教材主要围绕 BIM 技术深入应用到建筑工程造价计价与控制全过程这一主线展开，突出了以下特色：

一是项目导向，注重理论与实际融合。通过项目阶段任务化的模式，以情景片段展开，在完善基础知识的同时开展项目化实训教学，通过项目化任务的训练，让学生快速掌握计量计价手算技能。

二是通俗易懂，注重知识与技能融合。教材立足于学生能通过 BIM 技术在计量计价中学习与训练，形成完整知识架构，并能熟练掌握操作过程，以完整的项目案例为载体，利用"一图一练"的模式进行讲解，将复杂项目过程更加直观化，学生也更容易理解内容与提升技能。

三是创新引领，注重技术与信息融合。本套教材在编写过程中，大量应用了二维码、三维实体动画、模拟情景中展开等多种形式与手段，将二维课本以三维立体的形式呈现于学生面前，从而提升学生实习兴趣，加快掌握造价技能与技巧。

四是校企合作，注重内容与标准融合。有多家企业共同参与策划与编写本套教材，尤其是计价软件教材以广联达 BIM 系列软件为基础，按照 BIM 一体化课程设计思路，围绕设计打通造价应用展开编制，较好地做到了教材内容与实际职业标准、岗位职责相一致，真正让学生做到学以致用、学有所用。

本套教材是在现代职业教育有关改革精神指导下，围绕能力培养为主线，根据 BIM 技术发展趋势与毕业生岗位就业方向、生源实际情况编写的，教学思路清晰，设计理念先进，突破了传统的计量计价课程模式，为 BIM 技术在工程造价领域落地应用提供了很好的资源，探索了特色教材编写的新路径，值得向广大读者推荐。

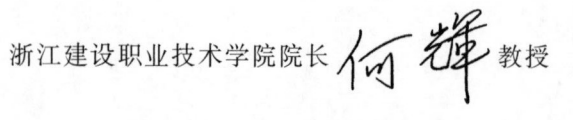

浙江建设职业技术学院院长 何辉 教授

2017 年 7 月 5 日于钱塘江畔

前　言

随着土建类专业人才培养模式的转变及教学方法改革，人才培养主要以技能型人才为主。本书围绕全国高等教育建筑工程技术专业教育标准和培养方案及主干课程教学大纲的基本要求，在集成以往教材建设方面的宝贵经验的基础上，确定了本书的编写思路。本书初步尝试以信息化手段融入传统的理论教学，内容以项目化案例任务驱动教学模式，采取一图一练的形式进行贯穿，理论与实训相结合，有效解决课堂教学与实训环节的脱节问题，从而达到提升技能型人才培养的目标。

本书共包括两套图纸。其中一套为案例讲解图纸，在《安装工程 BIM 造价应用》中结合实际的安装工程各分部分项具体内容，进行全过程细化分析讲解。读者在学习专业基础知识的同时，通过完整的案例分析讲解可以有效地把握分部分项模块化训练及整体知识，提升读者对整体建筑工程的计量计价能力；另一套为案例实训图纸，通过《安装工程 BIM 造价应用》中实训任务的布置及要求，使读者独立完成该案例工程的各分部分项工程实训内容的编制，从而提升读者独立编制建筑工程投标报价能力。

本图纸主要针对建筑类相关专业识图、安装工程计量与计价课程学习使用，可以作为高等院校工程管理、造价管理、房地产经营管理、审计、公共事业管理、资产评估等专业的识图算量教材，同时也可以作为建设单位、施工单位、设计及监理单位工程造价人员学习的参考案例。本图纸只可以用于教学，不可用于施工。

由于我们水平有限，书中难免有不足之处，恳请广大读者批评指正，以便及时修订与完善。为方便读者学习 BIM 系列教程，并与我们应用交流，编审委员会特建立 BIM 教程应用交流 QQ 群：273241577（该群为实名制，入群读者申请以"姓名＋单位"命名），欢迎广大读者加入。该群为广大读者提供与主编以及各地区参编的交流机会，如果需要电子图纸及配套教材案例模型等电子资料，也可以在群内获取。编委会还为读者打造了 BIM 系列教材的辅助学习视频，读者可以登录"建才网校"免费学习（百度"建才网校"即可找到）。

编者

2017 年 7 月

AR图书说明

　　本书AR内容由展视网（北京）科技有限公司制作，读者只需要下载AR图书的APP之后直接扫描图纸，图纸二维的内容就能够通过虚实结合的方式在移动设备中呈现出来。结合AR图书中的互动内容，通过三维动画的形式模拟施工过程，帮助读者够快速掌握建筑识图知识。本书AR内容主要由展视网（北京）科技有限公司张树坤、林伟、伍岳、段冰、郝岩，北京九鼎九和建设集团有限公司罗富荣制作。操作步骤及注意事项如下：

　　1.首次安装或使用软件时，如果设备提示"是否允许该软件获取摄像头权限"，请点击"允许"，以保证软件正常使用。

　　2.下载"AR图书"APP—在浏览器中打开—下载安装—本地下载—安装（选择信任该程序，允许）。安卓下载地址：http://fir.im/arbook。苹果下载：直接在应用商店搜索"AR图书"，选择第一个下载。

　　3.本书的AR演示包括2~4、7、9、12、14、15、20、22、24、25、30、32页，其他页面不能识别。成功安装APP并打开扫描界面，手机离图纸约20厘米高，平面图完全进入扫描区后，单击手机扫描区任一空白处，即可呈现三维模型。

　　4.请务必先单击左下角 ⊕ ，锁定屏幕，然后再进行其他操作，单击模型可以旋转，双手可移动或缩放模型。

　　5.模型缩小后，左下角有动画演示按钮，读者可以点击观看动画演示或隐藏构件效果。

　　6.返回主界面，请用手机返回键直接返回或关闭。

　　7.操作问题可咨询BIM教学应用交流群QQ273241577，或QQ576194559，备注AR咨询。

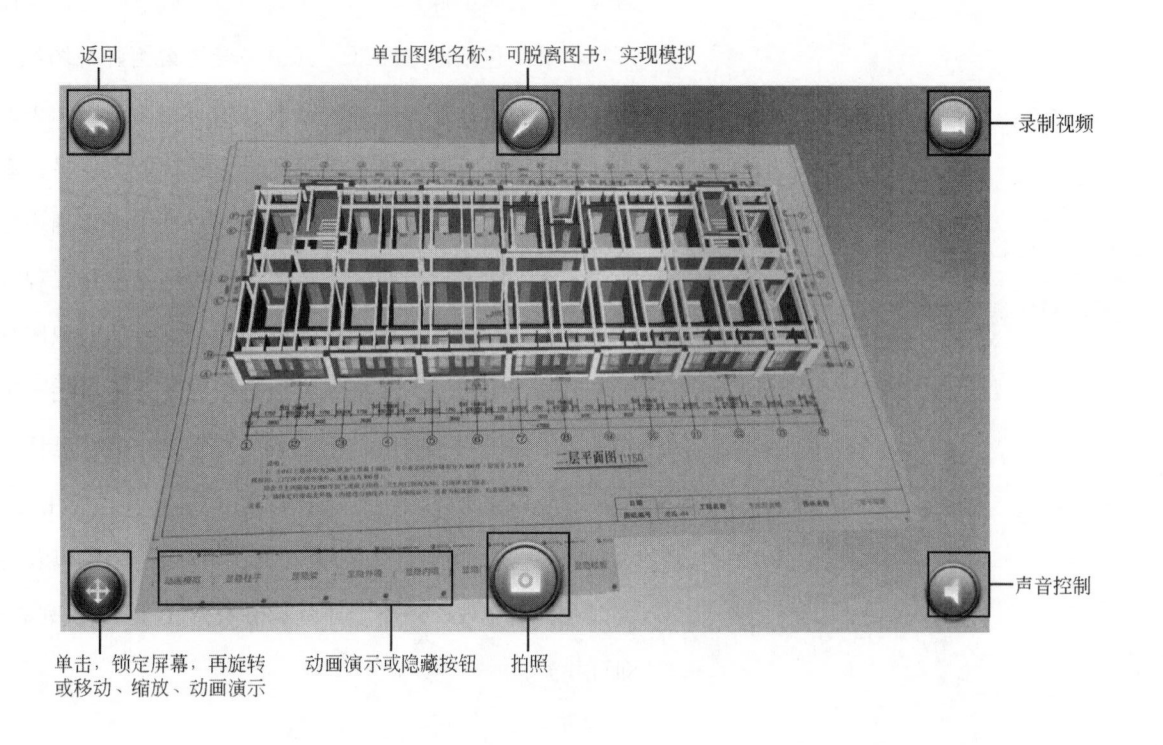

目　录

专用宿舍楼给排水设计总说明

一、设计依据

（一）文件依据

1. 相关部门主管的审批文件。
2. 设计及施工主要依据规范和规程：
《建筑给水排水设计规范》 [GB 50015—2003(2009)]
《民用建筑设计通则》（GB 50352—2005）
《建筑给水排水及采暖工程施工质量验收规范》（GB 50242—2002）
《建筑排水硬聚氯乙烯管管道工程技术规程》（CJJ/T 29—98）
《建筑给水聚丙烯管道工程技术规程》（GB/T 50349—2005）
《建筑排水用硬聚氯乙烯内螺旋管管道工程技术规程》（CECS94:2002）
《建筑灭火器配置设计规范》（GB 50140—2005）
《建筑设计防火规范》（GB 50016—2006）

（二）消防设计参数

1. 室外消防用水量：25L/s，室内消防用水量10L/s。
室内消防栓明装或半明装。箱内设DN65×19mm水枪一支，DN65衬胶水龙带一条，长25m，消防栓口距地面为1.1m。
2. 自动喷淋系统
(1) 本建筑灭火等级为中危险级（Ⅰ级），设计喷水强度为6L/(min·m²)，作用面积为160㎡。
(2) 喷头安装：宿舍内的喷头采用吊顶型喷头。喷头接管直径均为DN25，与配水管相接的管道直径均为DN25。
(3) 喷头动作温度：68℃，喷头的安装应严格执行04S206《自动喷水与水喷雾灭火设施安装》。
(4) 除吊顶型喷头及吊顶下安装的喷头外，直立型、下垂型标准喷头，其溅水盘与顶板距离不应小于75mm，不应大于150mm。其余特殊情况详见《自动喷水灭火系统设计规范》[GB 50084—2001(2005年版)]7.1.3条规定。
3. 灭火器配置
按中危险级A配置手提式磷酸铵盐干粉灭火器，每具灭火剂充装量3kg，单具灭火级别2A，存放方式自选箱装或挂装，最高不大于1.5m，最低不小于0.08m。灭火器规格、配置数量及位置见给排水平面图。

二、管道材料

1. 给水干管采用钢塑复合管，丝接。给水立管及室内支管采用冷水用无规共聚聚丙烯 PP-R管，管系列选用S5，热熔连接。
2. 污水立管采用挤压成型的UPVC螺旋管，污水横管采用挤压成型的UPVC排水管，热熔连接。污水立管和横管应按照规范和标准图集设置伸缩节，其中污水横管应设置专用伸缩节，室内外埋地管道可不设伸缩节。
3. 消防给水管道室外埋地部分采用球墨铸铁管，水泥捻口或橡胶圈接口方式连接；消火栓和喷淋室内管道采用内外热浸镀锌钢管，DN①>80为卡箍连接。其余螺纹连接。

三、管件、阀门等附件的选用

1. 生活给水管阀门DN≤50采用铜芯截止阀，其余部分采用闸阀，工作压力不低于1.0MPa。
2. 水龙头选用陶瓷片密封水嘴。
3. 卫生间采用有水封地漏，水封高度不得小于50mm。地面清扫口采用塑料制品，检查口距地1.0m安装，检查盖应面向便于检查清扫的方位。
4. 全部给水配件、洁具均采用节水型产品，不得采用淘汰产品，坐便器出水量不得大于6L。

四、管道敷设

1. 给水管穿过楼板和墙壁，应设置钢套管，套管内径比通过管道的外径大2号。安装在卫生间及厨房楼板内的套管，其顶部高出装饰地面50mm，底部应与楼板底相平；安装在墙壁内的套管其两端与饰面相平。套管与管道之间缝隙应用阻燃密实材料和防水油膏填实，端面光滑。管道接口不得设在套管内。

2. 排水立管穿楼板应预留孔洞，管道安装完后将孔洞严密捣实，立管周围应设高出楼板面设计标高15mm的阻水圈。
3. 所有管道穿外墙处及穿屋面板处均设柔性防水套管。
4. 管道坡度：（1）排水横支管的标准坡度应为0.026。（2）排水横干管的标准坡度采用：De75，i=0.015；De110，i=0.004；De125，i=0.0035；De160，i=0.003。
5. 室内排水管道的连接应符合下列规定
(1) 卫生器具排水管与排水横管垂直连接，应采用90°斜三通。
(2) 排水管道的横管与立管连接，宜采用45°斜三通或45°斜四通和顺水三通或顺水四通。
(3) 排水立管与排出管端部的连接，宜采用两个45°弯头或弯曲半径不小于4倍管径的90°弯头。
(4) 排水管应避免在轴线偏置，当受条件限制时，宜用乙字管或两个45°弯头连接。
(5) 支管接入横干管、立管接入横干管时，宜在横干管管顶或其两侧45°范围内接入。

五、管道试压和冲洗

1. 冷水管道试验压力为系统工作压力的1.5倍，但不得小于0.9MPa。
2. 排水管应做灌水试验和通球试验，按 GB 50242—2002执行。
3. 生活给水系统管道在交付使用前必须冲洗和消毒，并经有关部门取样检验，符合国家《生活饮用水标准》方可使用。检验方法见 02SS405-2第4页 9.2条和 GB 50242—2002第4.2.3条。
4. 排水管冲洗以管道通畅为合格。
5. 自动喷淋系统在安装喷头前必须将管道冲洗干净，安装完毕后作水压试验，试验压力为1.4MPa，在10min内压力降不大于0.05MPa，不渗漏为合格。自动喷淋系统均设0.002的坡度，坡向泄水处。

六、管道防腐

1. 在刷底漆前，应清除表面的灰尘、污垢、锈斑、焊渣等物。
2. 热镀锌钢管明装的，安装后刷银粉两道；埋地的，刷沥青漆或热沥青两道。

七、其他

1. 图中所注尺寸除标高以米计外，其余以mm计。
2. 本图所注管道标高：给水管指管中心，排水管指管内底。
3. 施工中应与土建公司密切合作，及时预留孔洞及预埋套管和防水套管。
4. 污水排放经化粪池成立后方可排入市政污水管道。
5. 图中给排水管所标管径为公称外径，与公称直径的对应关系如下：

给水管	公称直径DN	15	20	25	32	40	50	65	80
	公称外径DN	20	25	32	40	50	63	75	90
排水管	公称直径DN	40	50	75	100	125	150		
	公称外径De	40	50	75	110	125	160		

6. 本设计未说明之处，按《建筑给水排水及采暖工程施工质量验收规范》（GB 50242—2002）；《给水排水构筑物施工及验收规范》（GB 50141—2002）；《建筑给水聚丙烯管道工程技术规程》（GB/T 50349—2005）等执行。

---

① 为了保证图纸的清晰，全书直径用正体表示。

图例

图例	名称	图例	名称
———	生活给水管		洗衣机(安装高度900)
------- 或	生活污水管		电开水器(安装高度800)
⊙	末端试水装置		吊顶型喷头
⊗	通气帽	—XH—	消火栓给水管
▼	圆形地漏(贴地安装)		单栓消火栓
	截止阀DN≤50		倒流防止器
	闸阀		自动排气阀
	止回阀		压力表
—ZP—	喷淋管道		信号蝶阀
	蝶阀		水流指示器
↰↱	S形,P型存水弯		灭火器表示方法 ▲ X-XX-X
	蹲式大便器(安装高度380)		灭火器的充装量
	立式洗脸盆(安装高度800)		灭火器型号
	拖布池(安装高度600)		灭火器数量
	盥洗池(安装高度600)		灭火器图例
	挂式洗脸盆(安装高度800)		淋浴器(安装高度2200)

设备和主要器材表

序号	设备器材名称	规格型号	单位	备注
1	蹲式大便器	DN100	个	
2	盥洗槽		个	
3	圆形地漏	DN50	个	
4	洗衣机专用地漏	DN50	个	
5	室内消火栓	DN65	套	
6	手提式灭火器	3kg装	具	磷酸铵盐干粉
7	电开水器	DAY-T814	具	容积：50L，功率：9kW，初次加热时间：30min

图纸目录

| 图纸编号 | 水施-01 | 工程名称 | 专用宿舍楼 | 图纸名称 | 给排水设计总说明 |

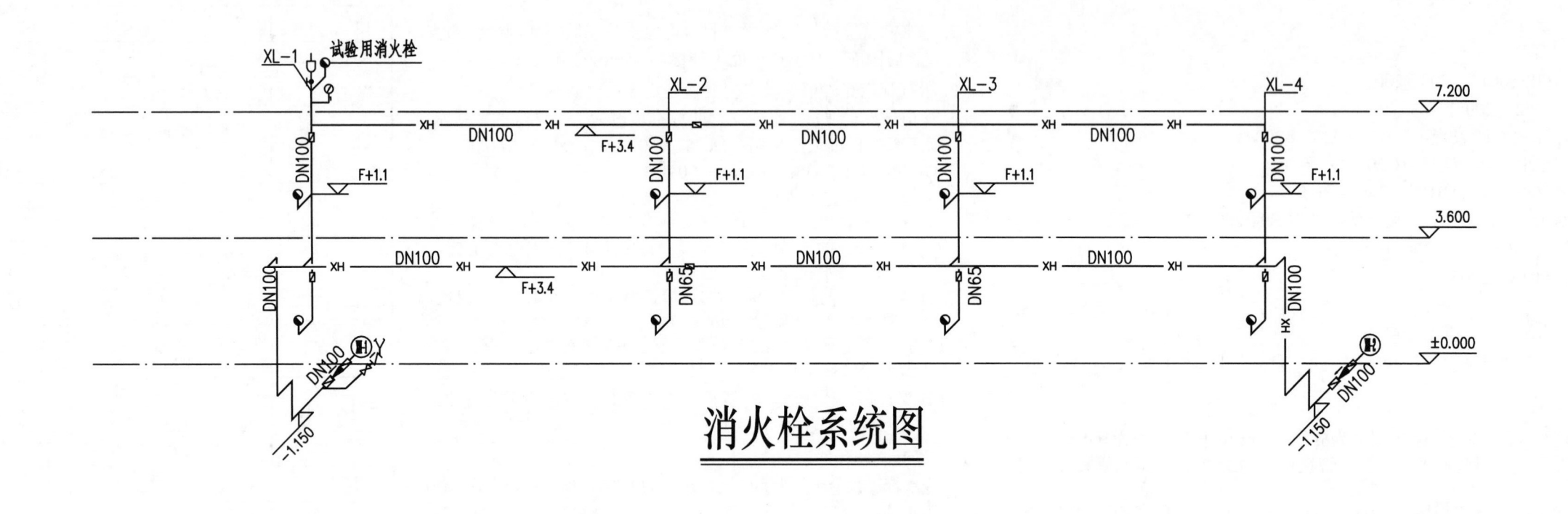

消火栓系统图

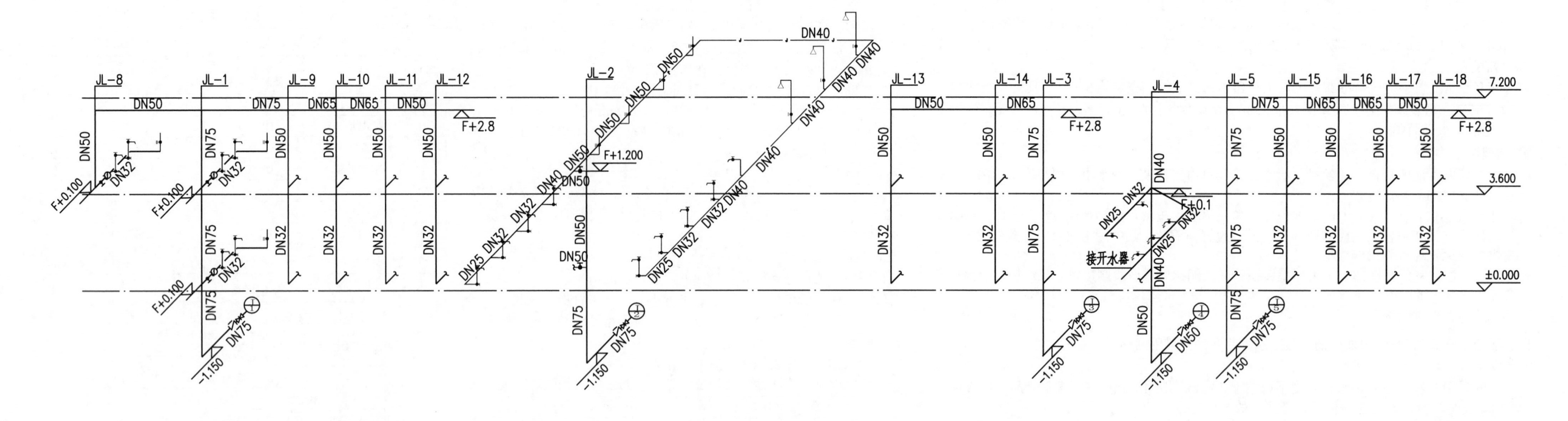

说明：给水管横支管管径的大小以卫生间详图中的标注为准，其他未展
开的给水管系统均为宿舍卫生间给水系统，同JL-1系统一致。

给水系统图

| 图纸编号 | 水施-02 | 工程名称 | 专用宿舍楼 | 图纸名称 | 给水及消火栓系统图 |

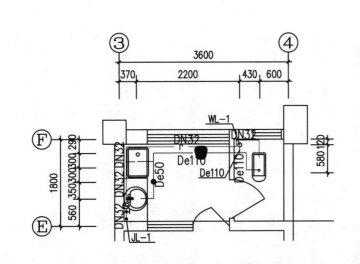

小卫生间给排水大样图(一) 1:50

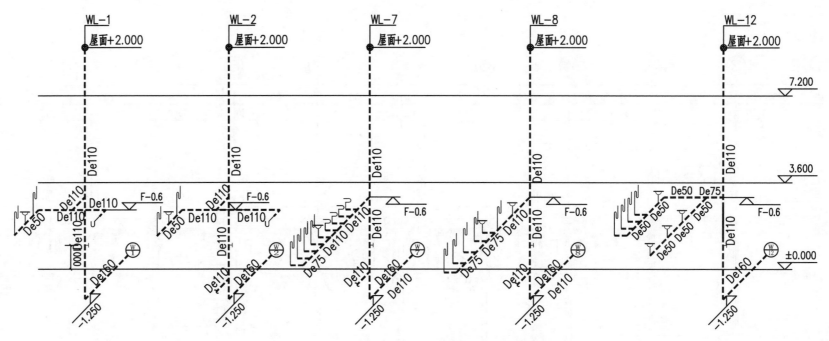

排水系统图 1:50

说明: 其中未表示的污水系统同编号WL-2污水系统图。
⊤ 表示末接地漏;   ⊣ 表示末接洗脸盆、
拖布池、盥洗池;   ⌐ 表示末接大便器

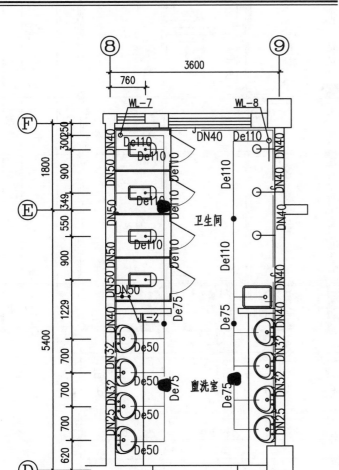

公共卫生间给排水大样图 1:50

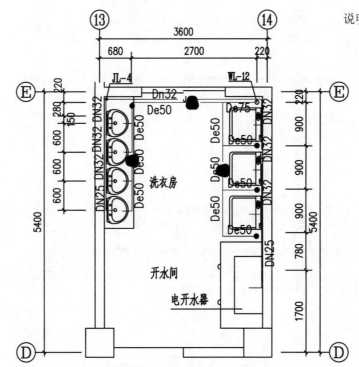

开水间大样图 1:50

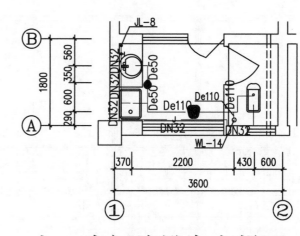

小卫生间给排水大样图（二） 1:50

说明: 连接卫生器具的给水小横支管均为DN20管径,污水小横支管均为De50管径。

| 图纸编号 | 水施-03 | 工程名称 | 专用宿舍楼 | 图纸名称 | 给排水大样图 排水系统图 |

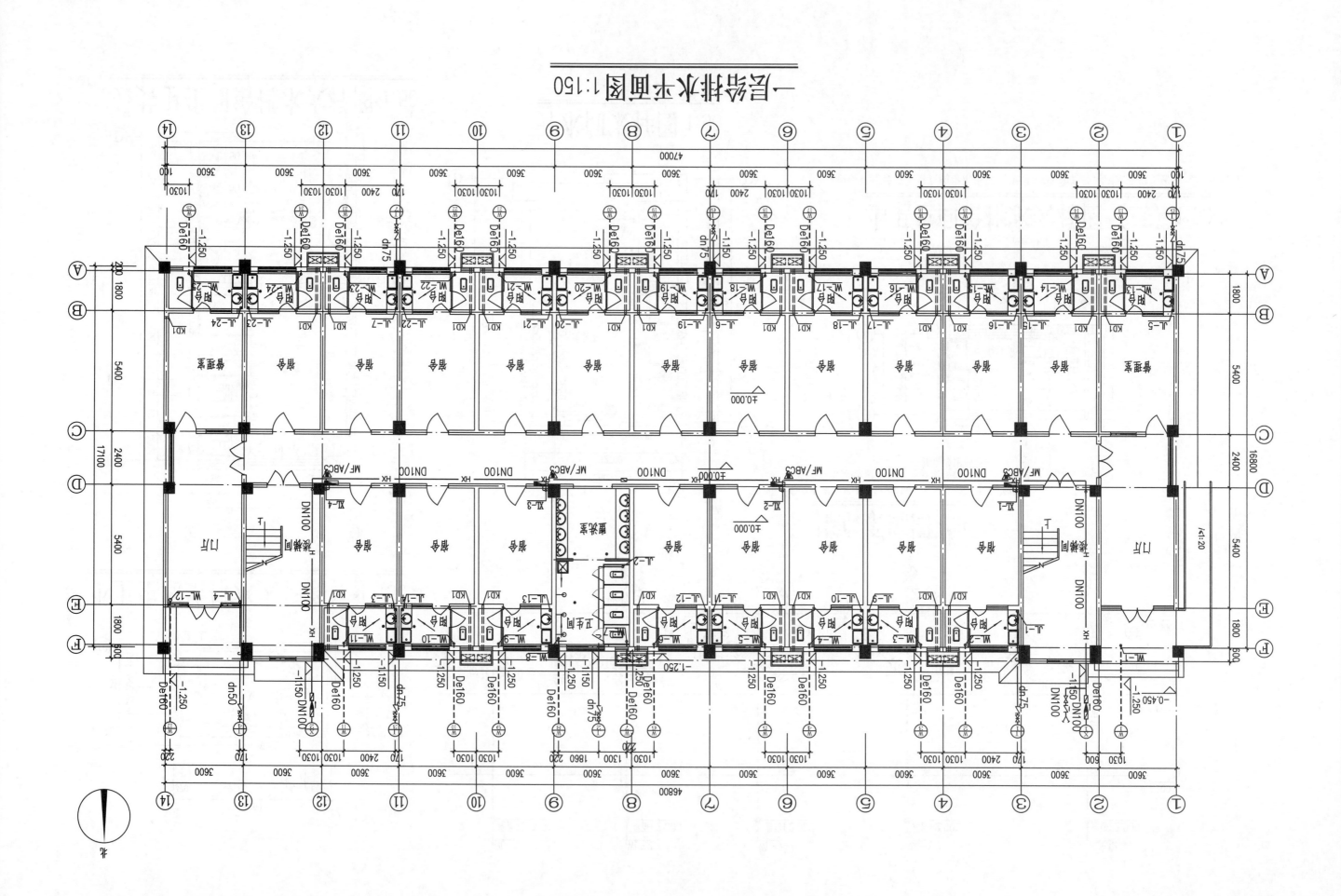

一层给排水平面图 1:150

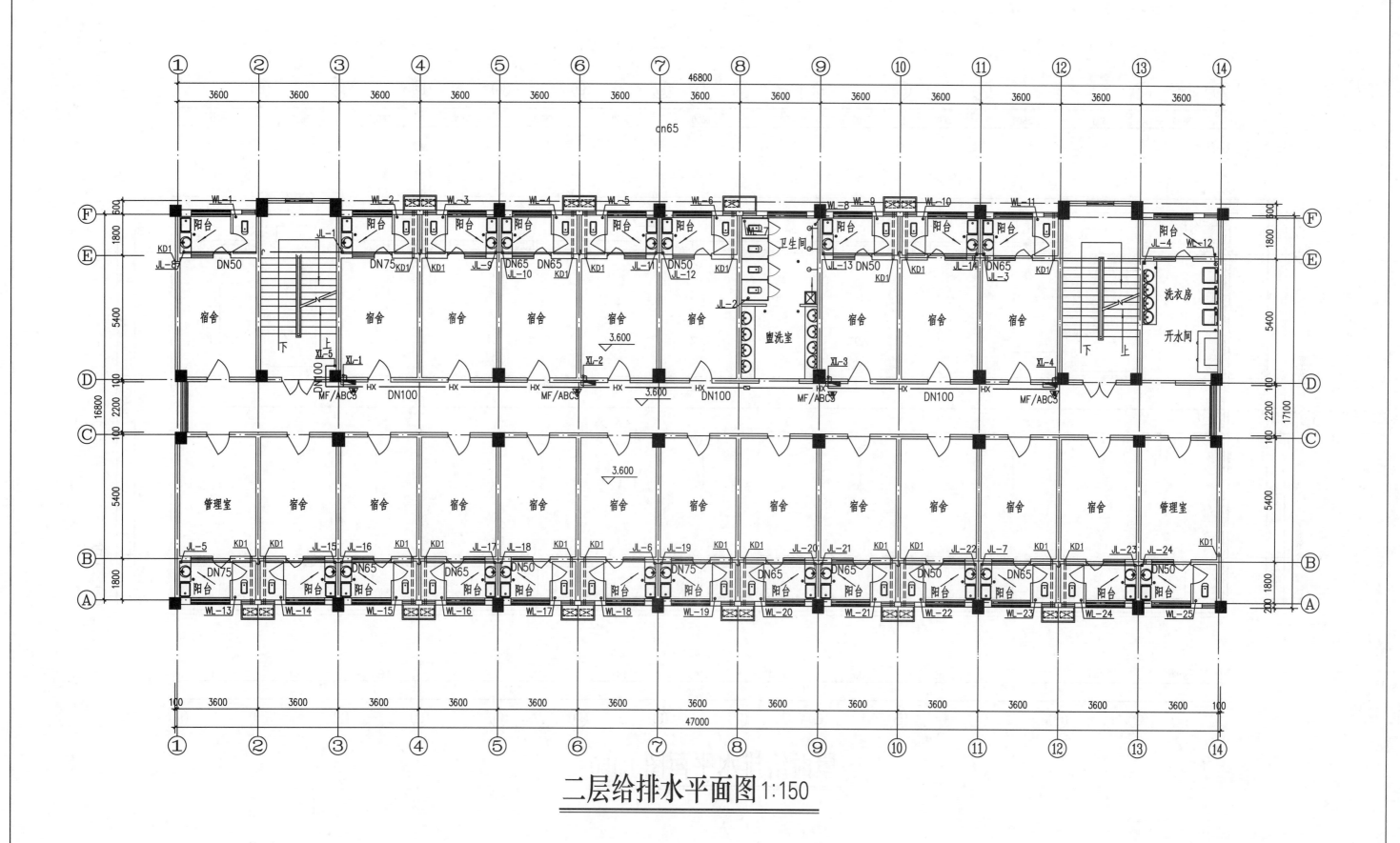

二层给排水平面图1:150

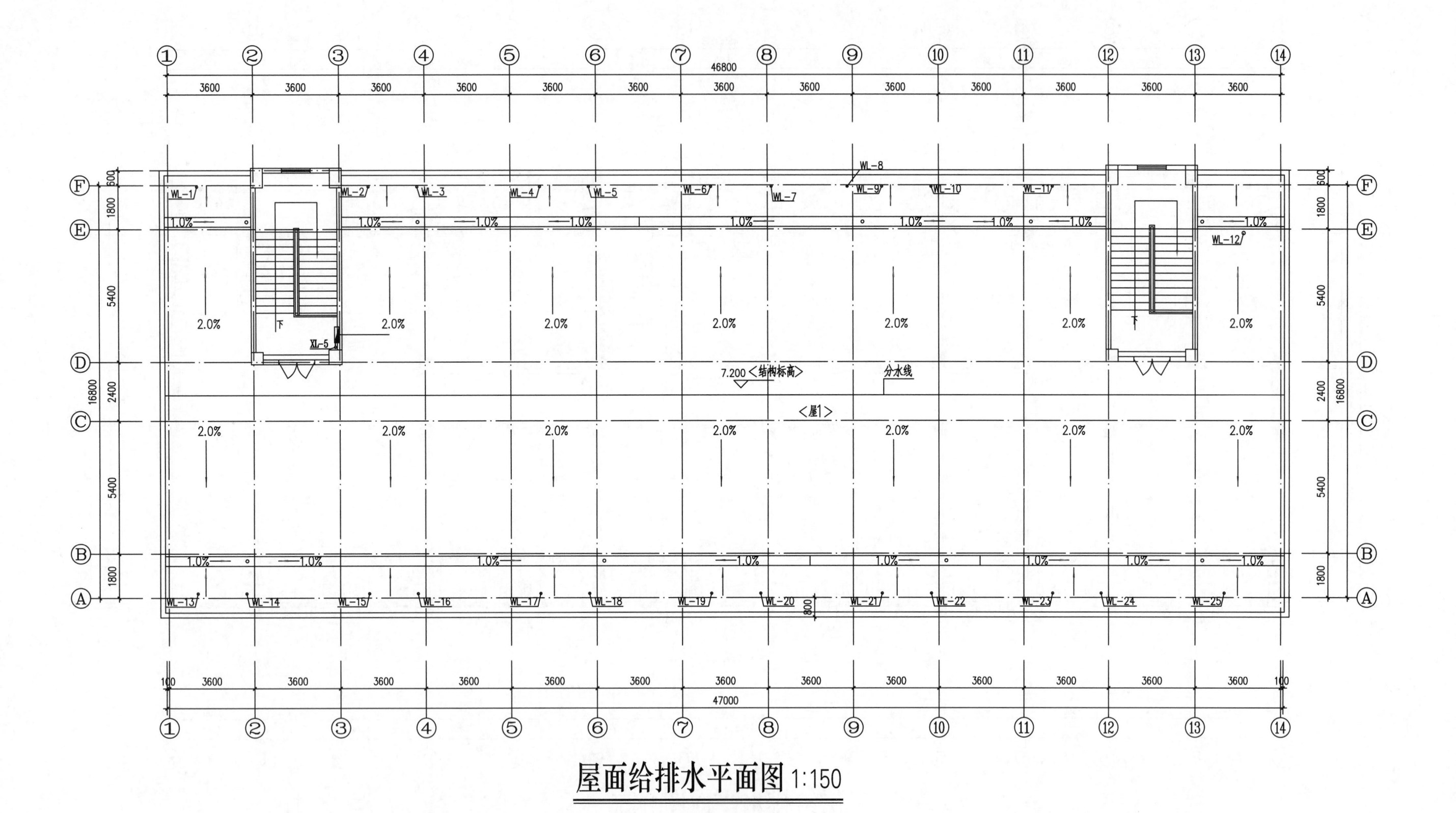

屋面给排水平面图 1:150

| 图纸编号 | 水施-06 | 工程名称 | 专用宿舍楼 | 图纸名称 | 屋面给排水平面图 |

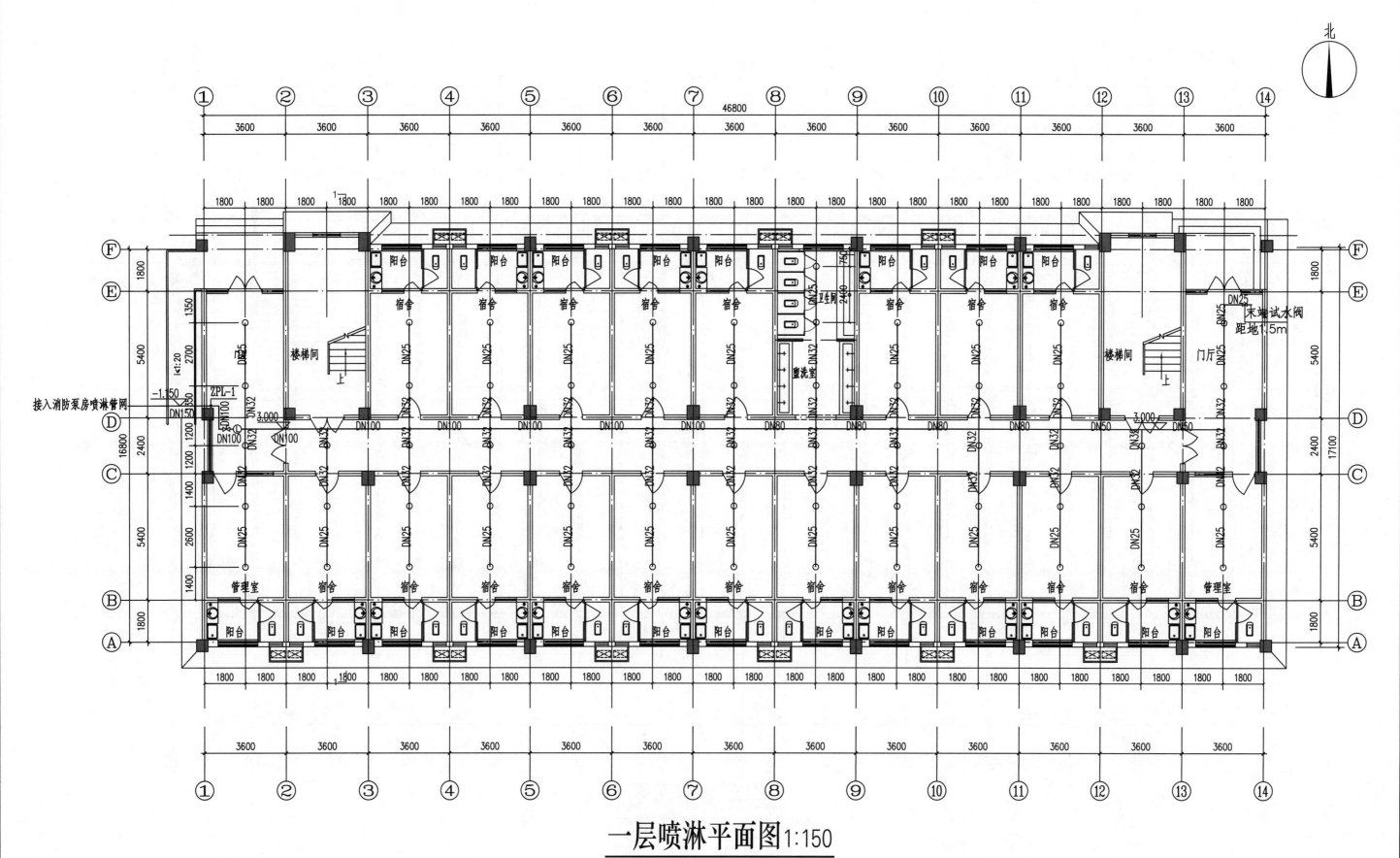

一层喷淋平面图 1:150

注：本层共有62个吊顶型喷头。

| 图纸编号 | 水施-07 | 工程名称 | 专用宿舍楼 | 图纸名称 | 一层喷淋平面图 |

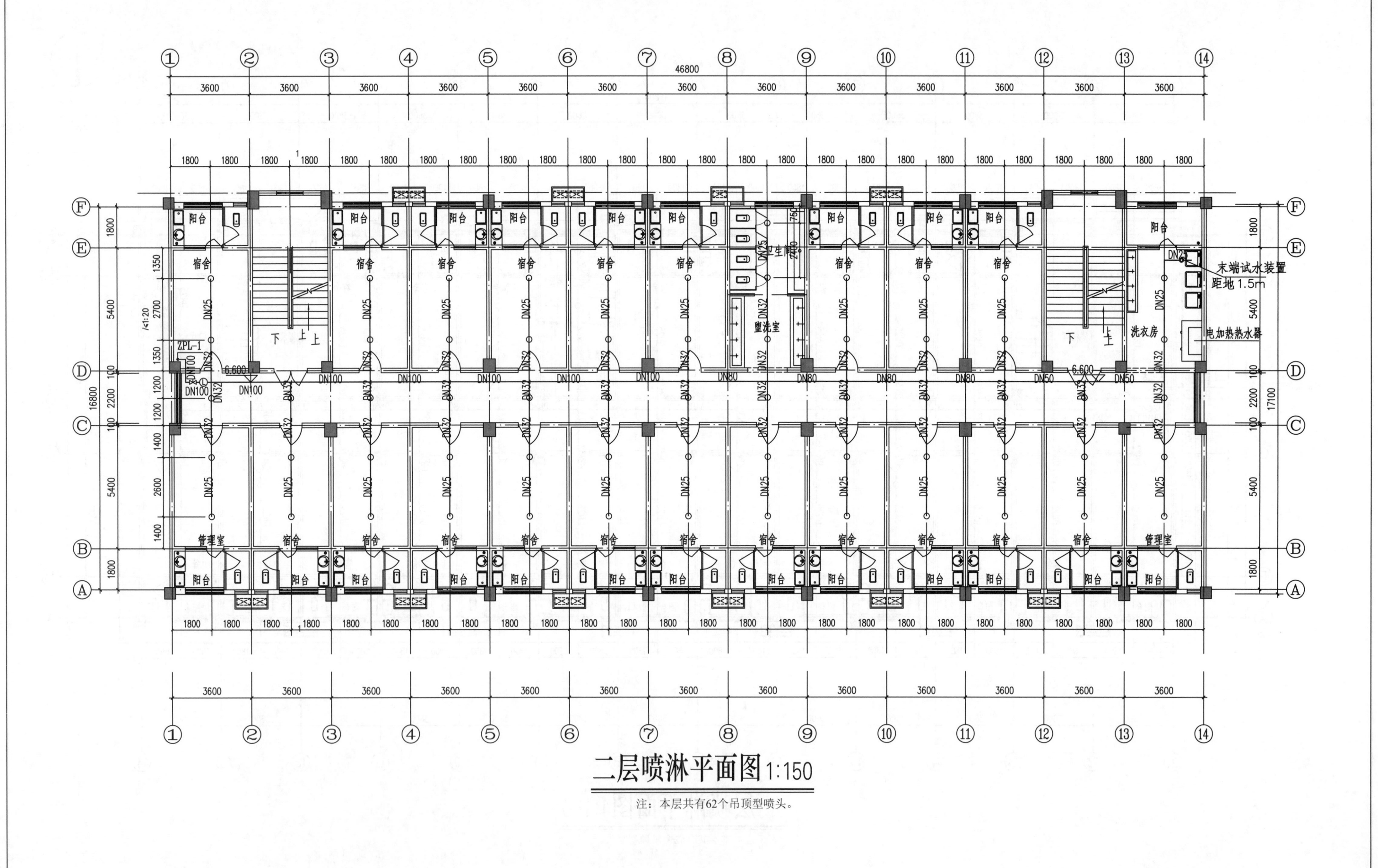

二层喷淋平面图 1:150

注：本层共有62个吊顶型喷头。

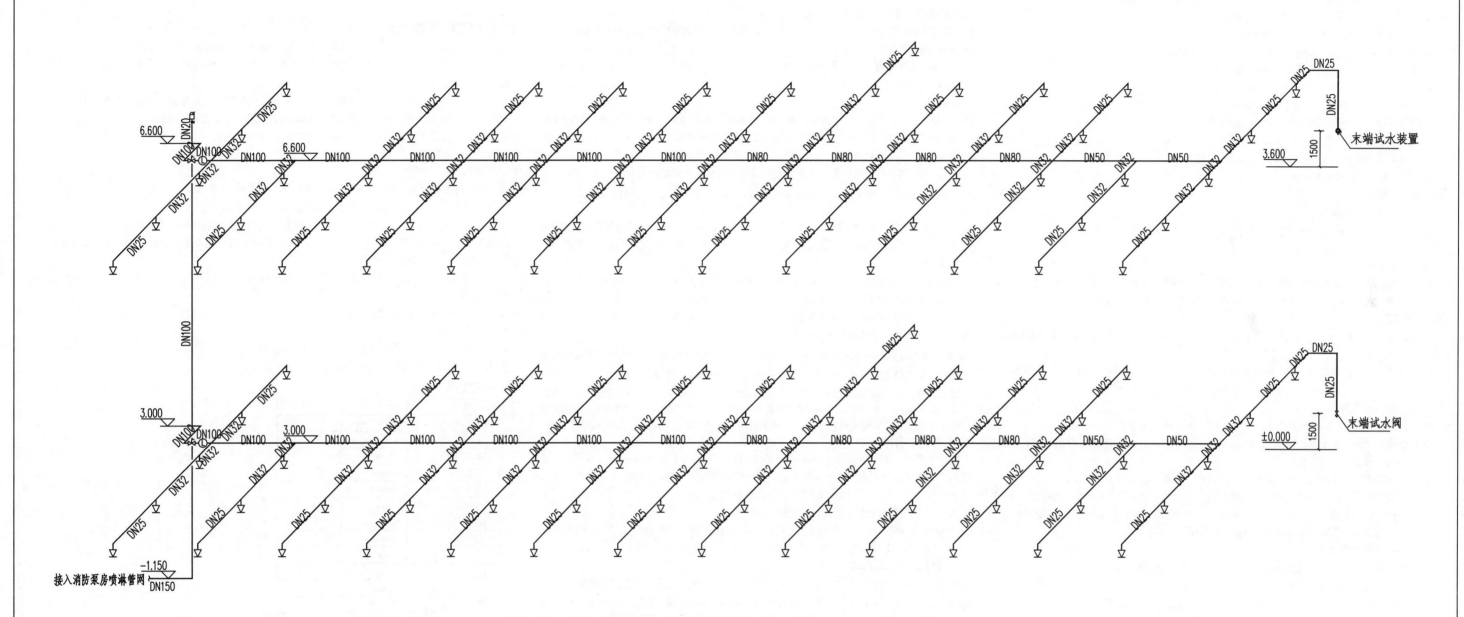

喷淋系统图

注：共有124个吊顶型喷头，10个备用喷头。

图纸编号	水施-09	工程名称	专用宿舍楼	图纸名称	喷淋系统图

暖通设计及施工说明

一、工程概况

本工程为专用宿舍楼（不可指导施工），建筑面积及占地面积：总建筑面积1732m²，基底面积836.24m²，建筑高度及层数：建筑高度为7.650m，1～2层为宿舍。本设计内容包括供暖和通风空调相关设计。

二、设计依据

1.《民用建筑供暖通风与空气调节设计规范》（GB 50736—2012）
2.《建筑设计防火规范》（GB 50016—2014）
3.《公共建筑节能设计标准》（GB 50189—2015）
4.《建筑机电工程抗震设计规范》（GB 50981—2014）
5.《12系列建筑标准设计图集》（DBJ 03—22—2014）
6.《辐射供暖供冷技术规程》（JGJ 142—2012）
7.《供热计量技术规程》（JBJ 173—2009）
8.《多联机空调系统工程技术规程》（JGJ 174—2010）
9.《建筑节能工程施工质量验收规范》（GB 50411—2007）
10.《建筑给水排水及采暖工程施工质量验收规范》（GB 50242—2002）
11. 甲方设计任务书及建筑设计图纸

三、供暖部分

（一）供暖热源及热力入口

1. 本工程采暖热源接室外预留供热管网，采暖的二次侧供回水温度为45～35℃。
2. 本工程入口装置做法详见12N1-13。

（二）采暖部分

1. 本工程采用低温地板辐射采暖，供暖立管采用共用立管下供下回垂直双立管系统。
2. 供暖热负荷：热负荷为114.8kW，采暖系统的总阻力损失为31.3kPa。

四、空调部分

1. 本工程空调系统采用直流变频多联式空调系统，室外冷机设置于屋顶上，总冷负荷为123.5kW。
2. 冷媒配管的安装
固定金属件周围经隔热处理后与冷媒配管接触，严禁冷媒管与固定件直接接触。冷媒配管采用钎焊作业连接，应采用合理的氮气置换、冷却方法进行加工。
3. 室外机连接组件安装要求
（1）水平安装接头，与顶部的夹角在±15°以内，不要垂直连接。
（2）至接头处的分支配管要确保有500mm以上的平直段，并且不应弯曲该部分的现场配管。
4. 空气冷凝水管的安装
（1）必须与建筑中其他污水管、排水管分开设置；冷凝水管标高为梁下设置。
（2）冷凝水管采用内外热镀锌钢管，各机型排水管管径、安装坡度0.01坡向泄水点。镀锌钢管应按一定间距设置支（吊）架。冷凝水管就近接入卫生间，冷凝水不得直接连接排水管道，应与排水地漏等排水设施有10cm空气间隔。
5. 室外机位置设置要求
（1）室外机设置的位置应足以承受机组重量，且不会导致振动处。
（2）室外机四周应留有合理、足够的通风条件及检修空间。
（3）在任何条件下室内/外机间的配管长度不能超过许可配管长度。
6. 系统安装工序
冷媒施工→保温作业(除连接口部分)→空气密封测试（按系统分三个阶段按产品要求对气液管同时进行试压，合格后保压）→连接口部进行保温。
7. 冷媒管道采用VRV系统专用铜制管道；风系统管道采用镀锌钢板制作，厚度及作法详见《通风与空调工程施工及验收规范》。
8. 风管保温材料为难燃B级橡塑保温，厚度10mm，作法详见12N9-1-76。
9. 风管上的可拆卸接口不得设在墙体或楼板内，风管的支吊托架必须牢固可靠，避免在法兰测量孔调节阀等零部件处设置吊托架。
10. 风管与机组进出口相连处，应设置长度为200～300mm节能伸缩软管，软接的接口应牢固严密，在软接处禁止变径。
11. 管道穿墙身和楼板时应设套管且保温不能间断，套管间隙用岩棉填充，套管直径比管道直径大2号，套管顶部高出地面20mm套管底部与楼板底面平。冷媒管道的支架架必须设在保温层的外部，在穿过支吊架处必须镶以垫木，管道支吊架在表面除锈后必须刷红丹防锈漆两道。
12. 空调系统待建方确定厂家以后，可根据产品的具体要求由厂家进行深化设计。

五、管道、管材、试压及保温做法

1. 管道

(1) 采暖主干管、立管采用内外热浸镀锌钢管，DN≤80螺纹连接，DN>80法兰连接。
(2) 管道穿过墙壁或楼板应设置钢制套管，安装在楼板内的套管，其顶部应高出装饰地面20mm，卫生间等用水房间内套管上部高出装饰地面50mm，底部应与楼板面相平，安装在墙壁内的套管，其两端应与饰面相平。管道与套管间以不燃材料封成。
(3) 管道上必须配置必要的支、吊、托架，具体形式由安装单位根据现场情况确定，做法参见国标05R417-1。
(4) 采暖管道穿越防火墙处应应设置钢套管，并在穿墙侧设置固定支架，管道与套管之间的缝隙处采用柔性防火材料封堵。

2. 管材

(1) 加热管、连接管：采暖地热盘管采用PE-RT耐高温聚乙烯管，管径DN=20，壁厚2.3mm。分集水器与采暖供回水立管之间的管道采用PB耐高温聚丁烯管，其外径为32mm、壁厚为2.9mm。管道压力应用等级为：级别4；应用管材系列为：S5。
(2) 分、集水器：分水器、集水器选用铜镀镍合金材料，表面电镀连接色泽均匀，镀层牢固，不得有脱镀的缺陷。各环路均设温控装置，系统分支管阀门采用铜球阀。

(3) 安装

① 加热管的安装：室内垫层内地热盘管不得有接头，加热管安装时塑料管弯曲半径为6倍管外径；加热管穿越伸缩缝时，伸缩处应设不小于200mm的柔性套管。卫生洁具下不布置加热管。
② 地面辐射采暖绝热层采用聚苯乙烯泡沫塑料板，密度为20kg/m³，一层楼板上绝热层厚度为30mm；其他层楼板上绝热层厚度为20mm。
③ 分、集水器宜在加热管铺设前安装。水平安装时，分水器在上，集水器在下，中心距为200mm；集水器中心距地不应小于350mm。
④ 伸缩缝的设置：在与内外墙、柱等垂直构件交接处留不间断的伸缩缝，伸缩缝填充材料应采用搭接方式连接，搭接宽度不应小于10mm；伸缩缝填充材料与墙、柱应有可靠的固定措施，与地面绝热层连接应紧密，伸缩缝宽度不宜小于10mm。当地面面积超过30m²或边长超过6m时，应按不大于6m间距设置伸缩缝，伸缩缝宽度不应小于8mm。伸缩缝填充材料宜采用高发泡聚乙烯泡沫塑料。伸缩缝应从绝热层的上边缘做到填充层的上边缘。

六、阀门、附件

1. 供回水干管、立管管径小于50mm采用铜质球阀，管径大于等于50mm采用铜质对夹式蝶阀；管井内至分集水器供水支管上依次设置铜质球形锁闭阀、过滤器及热量表，回水支管上设置铜质球形锁闭阀。阀门工作压力不小于1.6MPa。
2. 地热系统的每组分集水器均设手动放气阀。
3. 管路系统的最高点应配置WZ0.5-4型自动排气阀(DN20)，最低点设置泄水阀门或者丝堵。波纹补偿器DN≤50采用轴向复式，DN>50采用内压式和外平衡式。

七、试压及冲洗调试

1. 地热采暖系统地热管水压试验应分别在浇捣混凝土填充层前和填充层养护期满后进行两次，水压试验应以每组分、集水器为单位，逐回路进行。低、高区采暖系统工作压力分别为0.82MPa、1.20MPa；施工完毕，整个系统进行水压试验，试验压力分别为1.02MPa、1.40MPa。水压试验宜采用手动泵缓慢升压，升压过程中应随时观察与检查，不得有渗漏并应满足《建筑给水排水及采暖工程施工质量验收规范》(GB 50242—2002)相关规定。
2. 分、集水器安装完毕冲洗后，保温前进行水压试验。升至试验压力后，稳压10min，压力下降不大于0.02MPa，再将压力降至工作压力，外观检查无渗漏为合格。
3. 施工过程中不允许重压已铺设好的塑料管，系统正式通水前先将管网系统冲洗干净，接通，以防脏物进入地板采暖系统中。
4. 冲洗：采暖系统安装竣工并试压合格后，应对系统反复注水、排水，直至排出水中不含泥砂铁屑等杂质，且水色不浑浊为合格。
5. 系统冲洗完毕应充水、加热进行试运行及调试，初始加热时，热水升温平缓，供水温度应控制在比当时环境温度高10℃左右，且不应高于32℃，并应连续运行48h；以后每隔24h水温升高3℃，直至达到设计供水温度。在此温度下，应对每组分集水器连接的加热管逐路进行调节，直至到达设计要求。

八、油漆及保温

1. 如有镀锌表面破坏处，应刷防锈漆两道。
2. 油漆前应将管道表面的铁锈、污物、毛刺和内部的沙粒、铁芯等除净，刷红丹防锈漆两道。
3. 保温做法：管道穿过非供暖区域（地沟内）时应保温，保温材料采用30mm厚离心玻璃棉保温，保温材料性能如下：导热系数小于0.034W/(m²·K)、难燃B1级、湿阻因子k>10000、密度40～80kg/m³。施工时必须将所有的缝隙密闭。

九、机电工程抗震设计

1. 采暖管道穿过内墙或楼板时，应设置套管，套管与管道间的缝隙应填充柔性耐火材。
2. 管道穿越建筑物外墙时应设防水套管，管道穿越建筑物基础时应设套管。基础与管道之间应留有一定间隙，管道与套管间的缝隙内应填充柔性材料。
3. 当穿越的管道与建筑外墙或基础为嵌固时，应在穿越的管道上室外就近设置柔性连接件。
4. 多根管道共用支吊架或管径大于等于300mm的单根管道支吊架，宜采用门型抗震支吊架。
5. 管道不应穿过抗震缝，当必须穿越时，应在抗震缝两边各安装一个柔性管接头或在通过抗震缝处安装门形弯头或设伸缩节。

十、其他

1. 施工中应与土建、电气等各有关工种密切配合，协调施工。
2. 施工中设备、部件的安装施工应按产品样本及说明书的规定进行。
3. 本工程预留洞、预留套管较多，管道施工时应与其他专业密切配合，并及时配合土建作好预留洞及预埋件工作，防止遗漏。管道穿剪力墙预留刚性防水套管做法详见：12N1-225-226；柔性穿墙防水套管做法详见：12N1-227-229。
4. 本设计施工说明与图纸具有同等效力，二者有矛盾时，业主及施工单位应及时提出，并以设计单位解释为准。
5. 设备基础待设备定货后与图中尺寸核对无误后方可施工，预留螺栓孔位置以实际产品为准，并事先做好预埋件工作。
6. 注意：竣工验收时，采暖系统需要做水力平衡检验。
7. 凡未说明之处均按现行国家有关规范及标准执行。

十一、图例

序号	名称	图例	备注
1	采暖供水管	——NG	热镀锌钢管
2	采暖回水管	--·-NH	热镀锌钢管
3	固定支架	×—×	
4	温控阀		供暖支管上
5	闸阀		
6	截止阀（球阀）		
7	自动排气阀		ZP-I
8	球形锁闭阀		铜质
9	热量计量表		
10	过滤器		
11	热量计量表		
12	采暖供水立管	NG1	
13	采暖回水立管	NH1	
14	伸缩缝		
15	室内机		
16	分歧管	◄	
17	室外机		
18	风管		
19	冷媒管		
20	冷凝水管		

图纸编号	暖施-01	工程名称	专用宿舍楼	图纸名称	暖通设计及施工说明

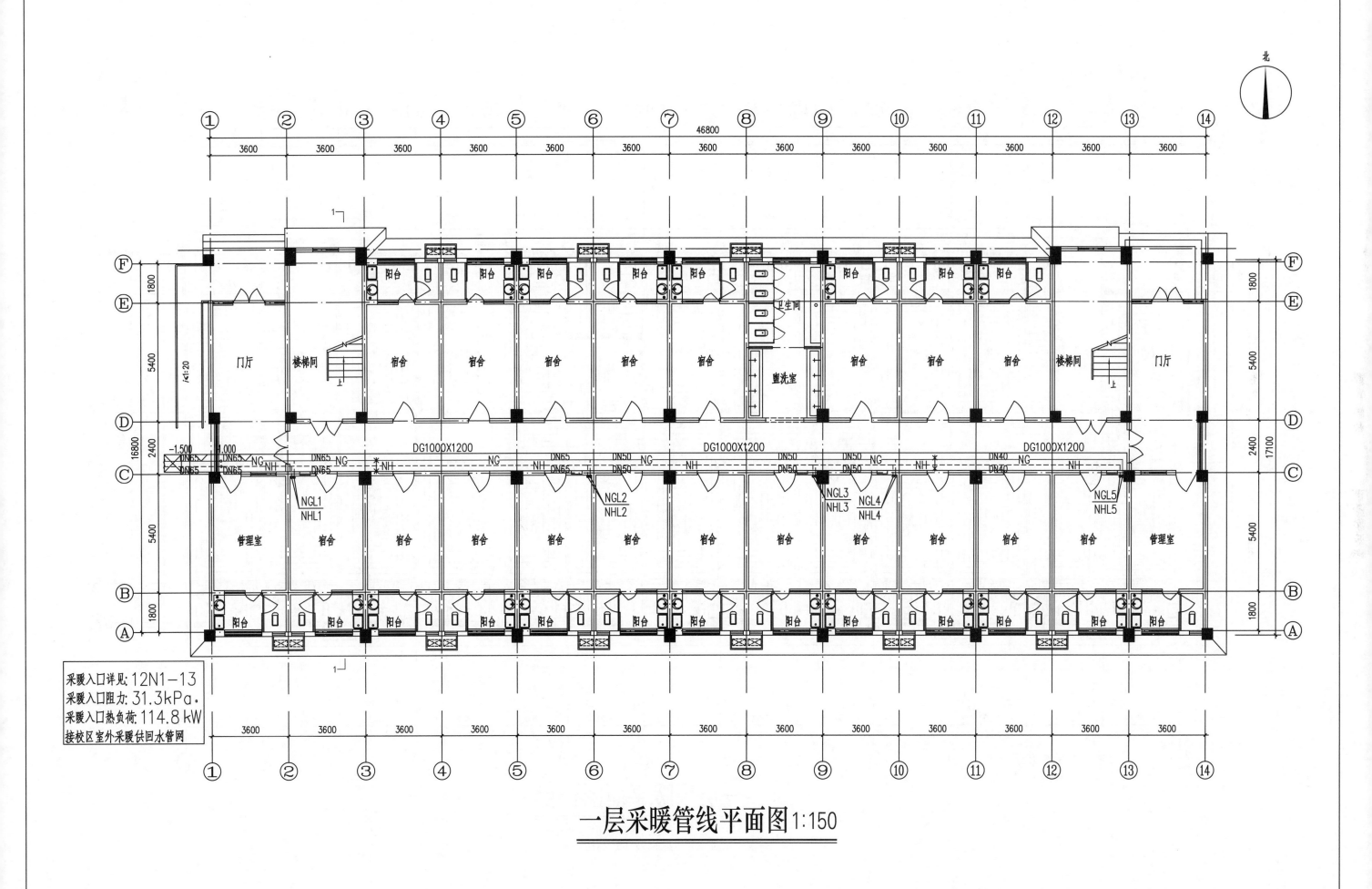

一层采暖管线平面图 1:150

采暖入口详见:12N1-13
采暖入口阻力:31.3kPa。
采暖入口热负荷:114.8 kW
接校区室外采暖供回水管网

| 图纸编号 | 暖施-02 | 工程名称 | 专用宿舍楼 | 图纸名称 | 一层采暖管线平面图 |

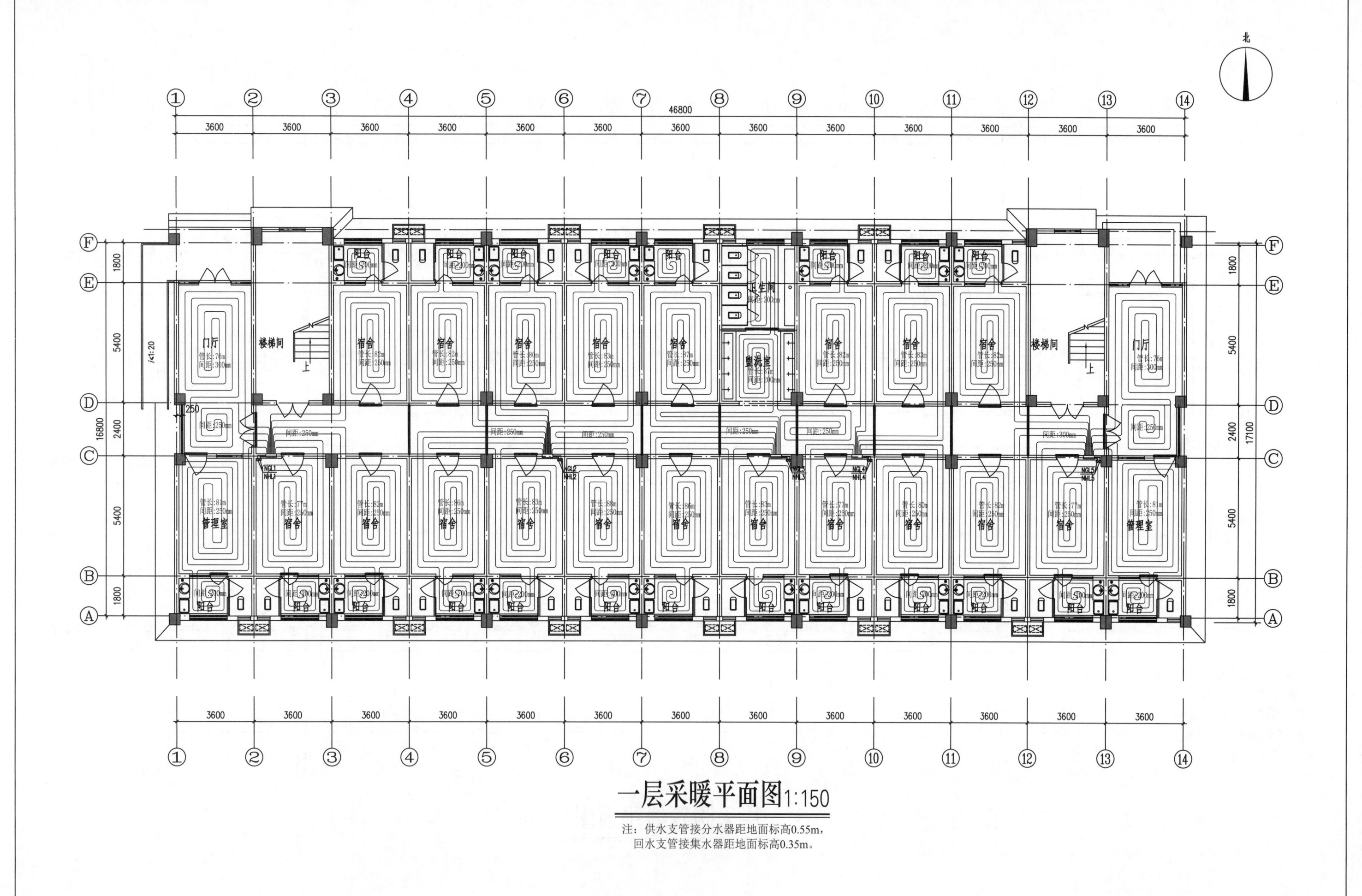

一层采暖平面图 1:150

注: 供水支管接分水器距地面标高0.55m,
回水支管接集水器距地面标高0.35m。

| 图纸编号 | 暖施-03 | 工程名称 | 专用宿舍楼 | 图纸名称 | 一层采暖平面图 |

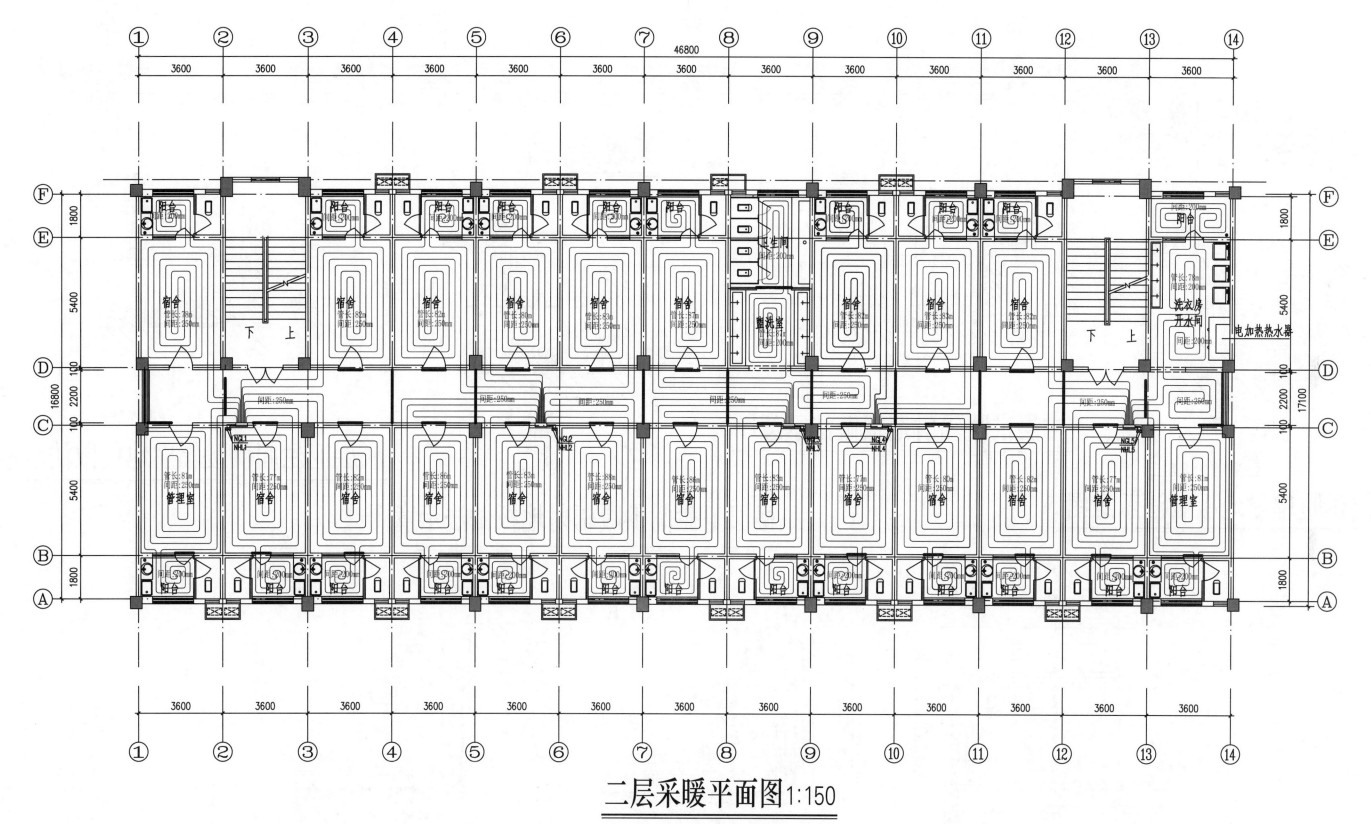

二层采暖平面图 1:150

注：供水支管接分水器距地面标高0.55m，
回水支管接集水器距地面标高0.35m。

| 图纸编号 | 暖施-04 | 工程名称 | 专用宿舍楼 | 图纸名称 | 二层采暖平面图 |

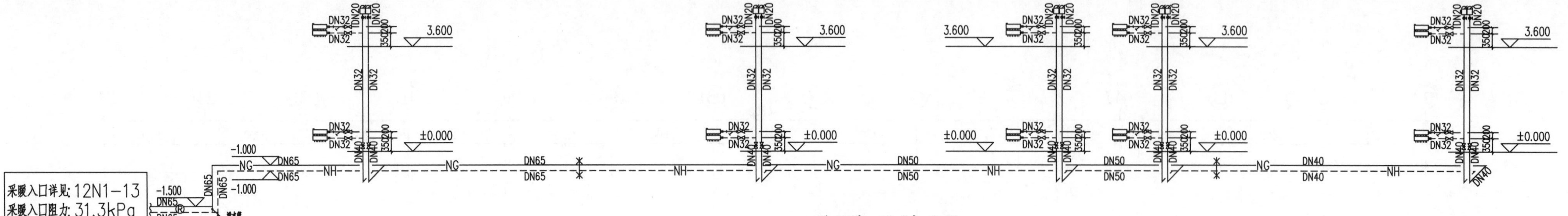

采暖系统图

采暖入口详见:12N1-13
采暖入口阻力:31.3kPa
采暖入口热负荷:114.8kW
接校区室外采暖供回水管网

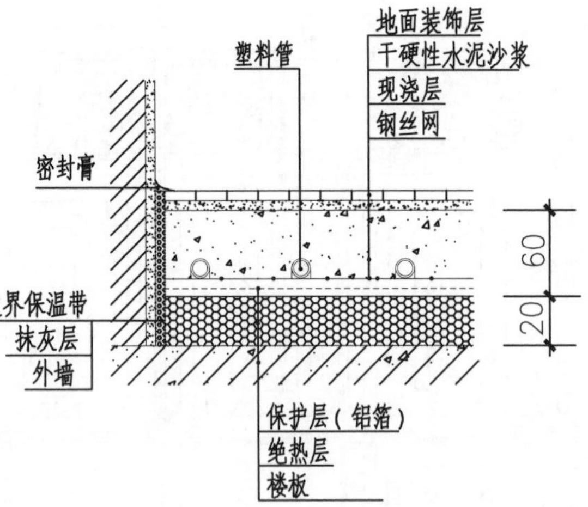

楼层供暖辐射地板做法示意图

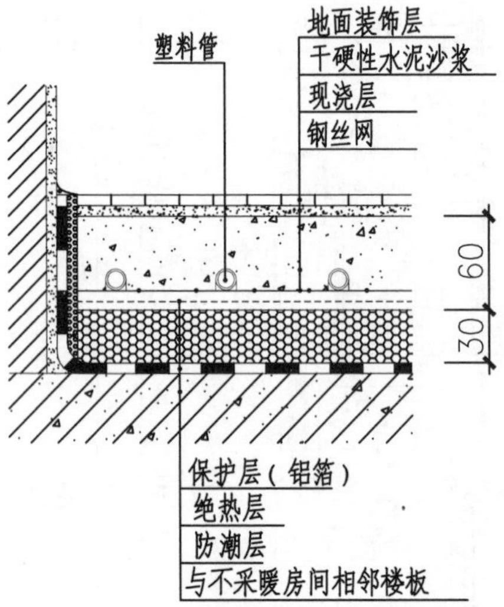

底层供暖辐射地板做法示意图

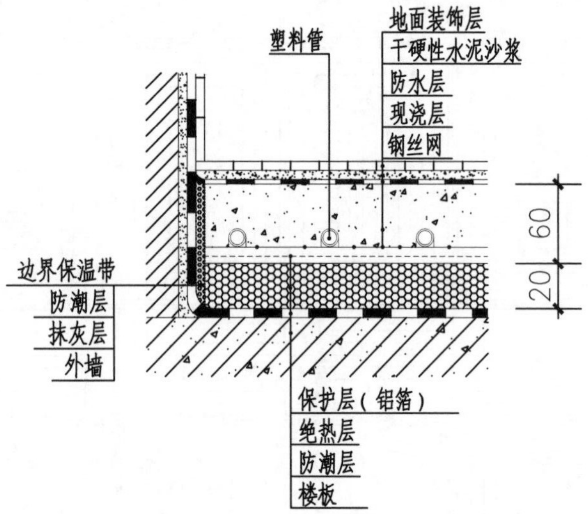

楼层卫生间供暖辐射地板做法示意图

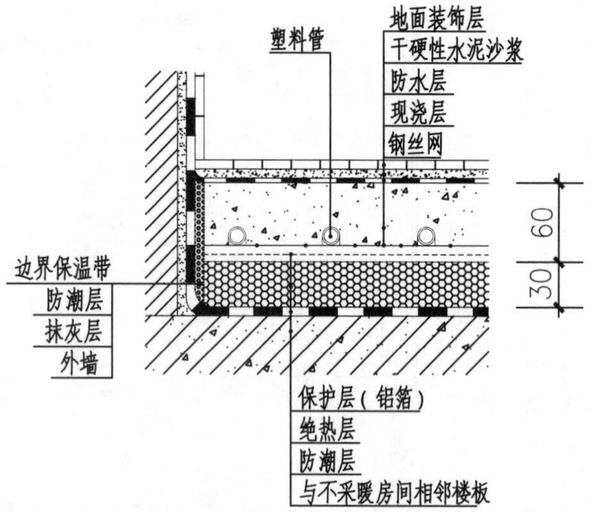

底层卫生间供暖辐射地板做法示意图

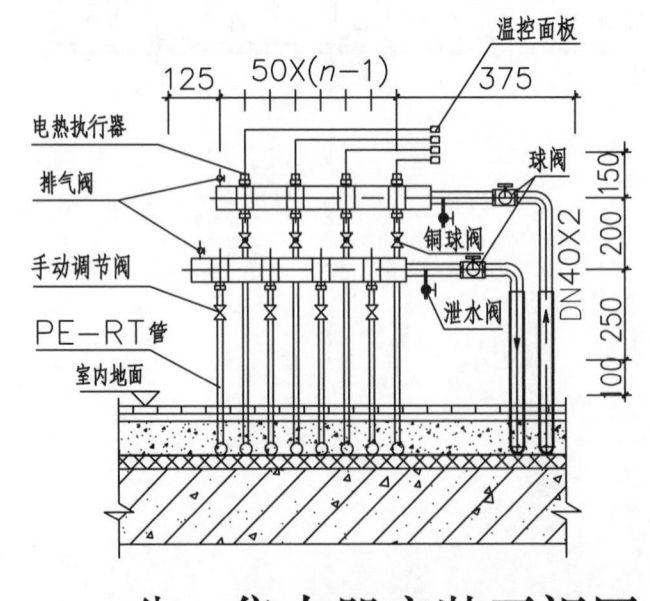

分、集水器安装正视图

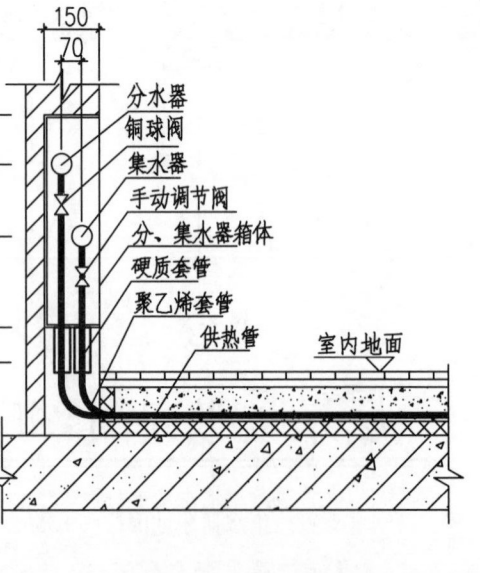

分、集水器嵌墙安装侧视图

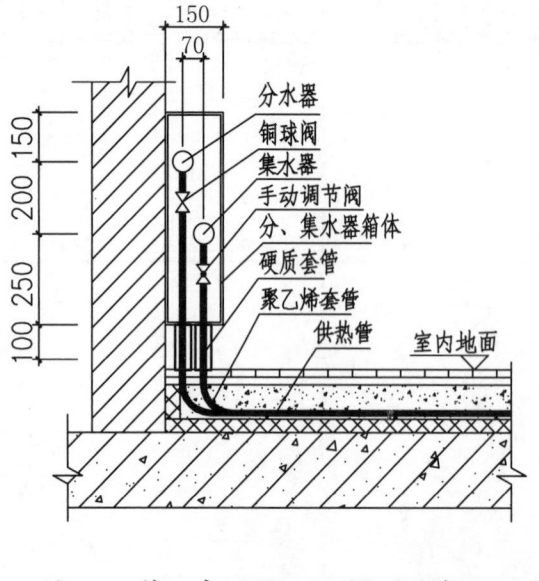

分、集水器明装侧视图

本页可以AR识别

图纸编号	暖施-05	工程名称	专用宿舍楼	图纸名称	采暖系统图

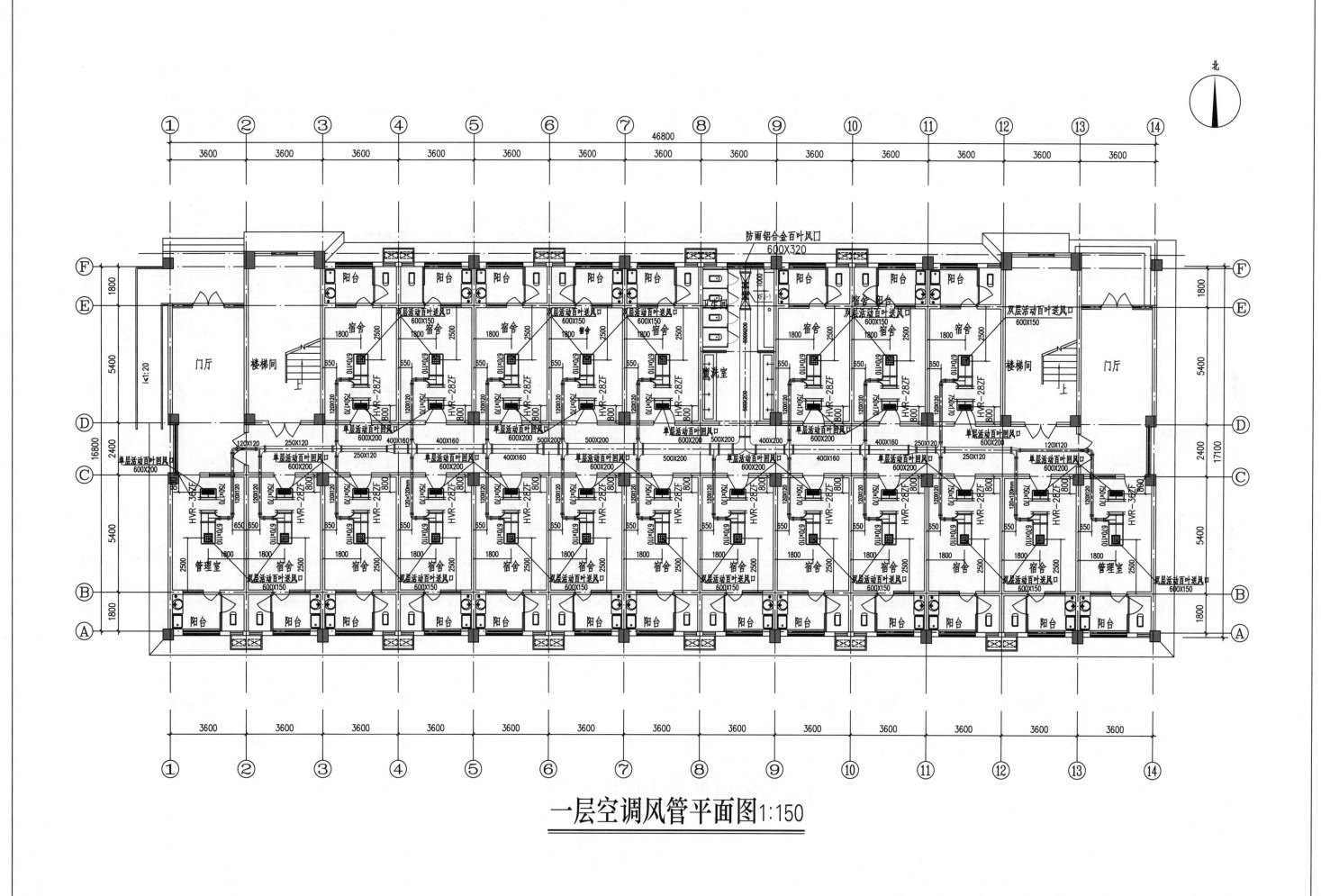

一层空调风管平面图1:150

图纸编号	暖施-06	工程名称	专用宿舍楼	图纸名称	一层空调风管平面图

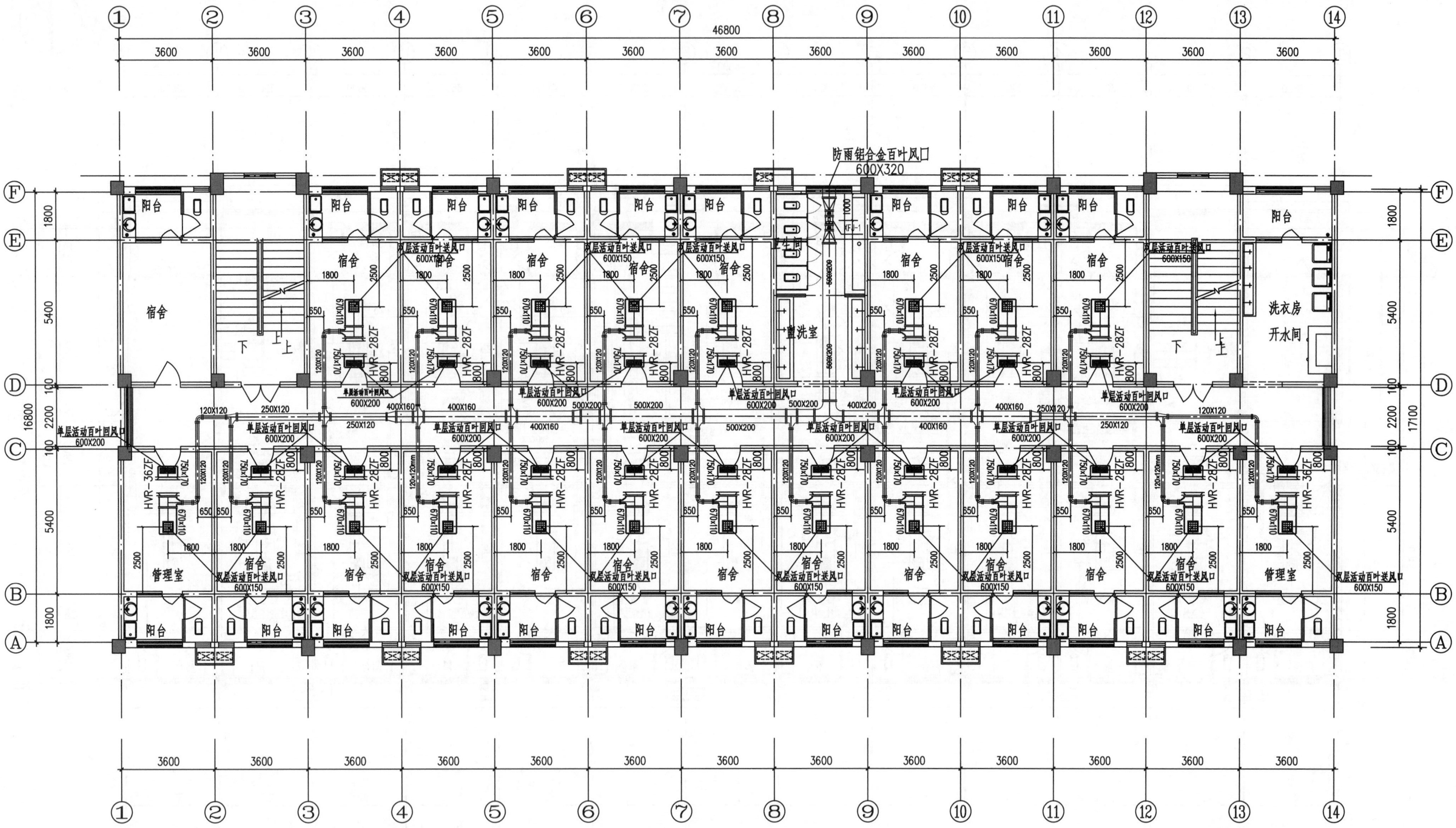

二层空调风管平面图 1:150

| 图纸编号 | 暖施-07 | 工程名称 | 专用宿舍楼 | 图纸名称 | 二层空调风管平面图 |

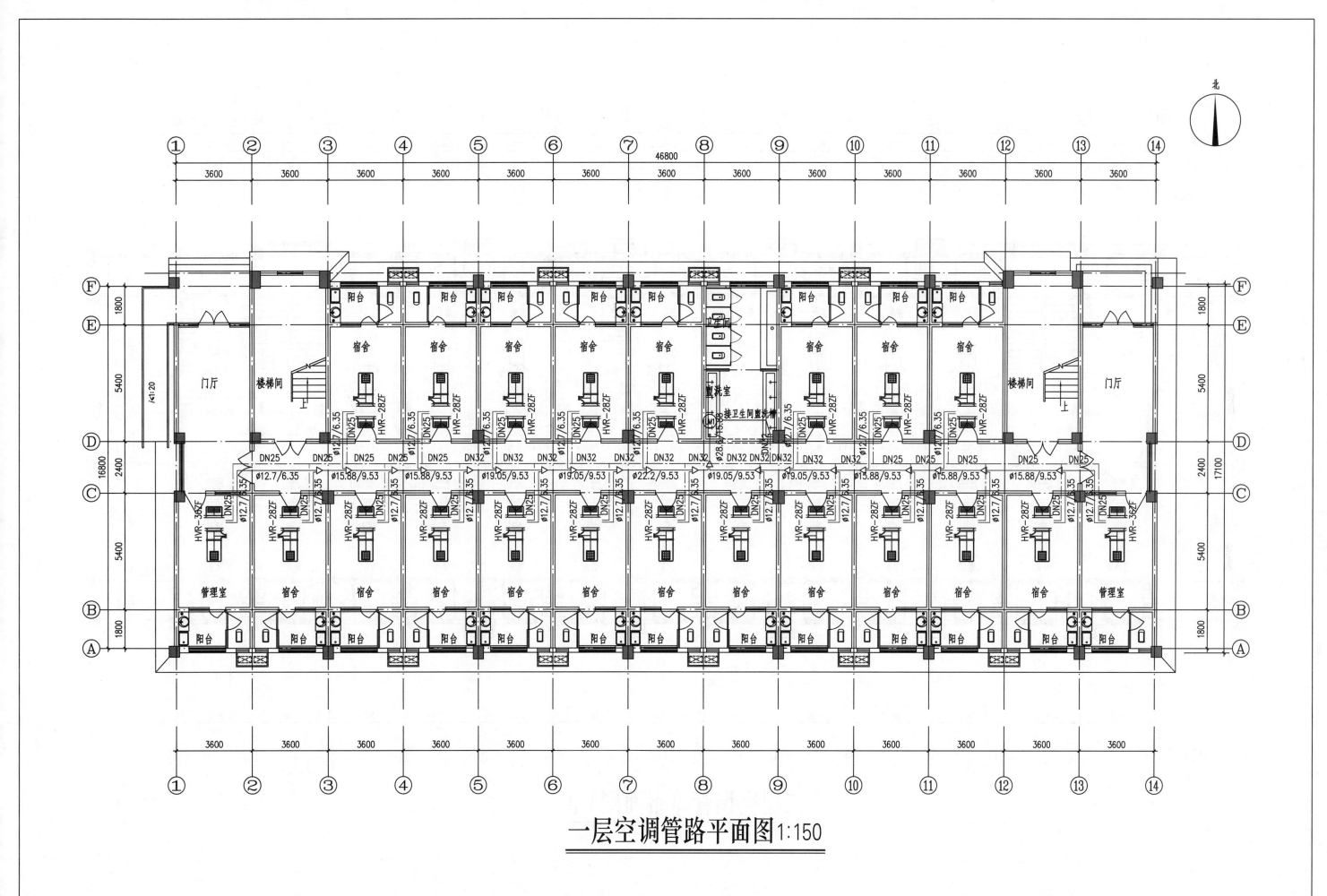

一层空调管路平面图1:150

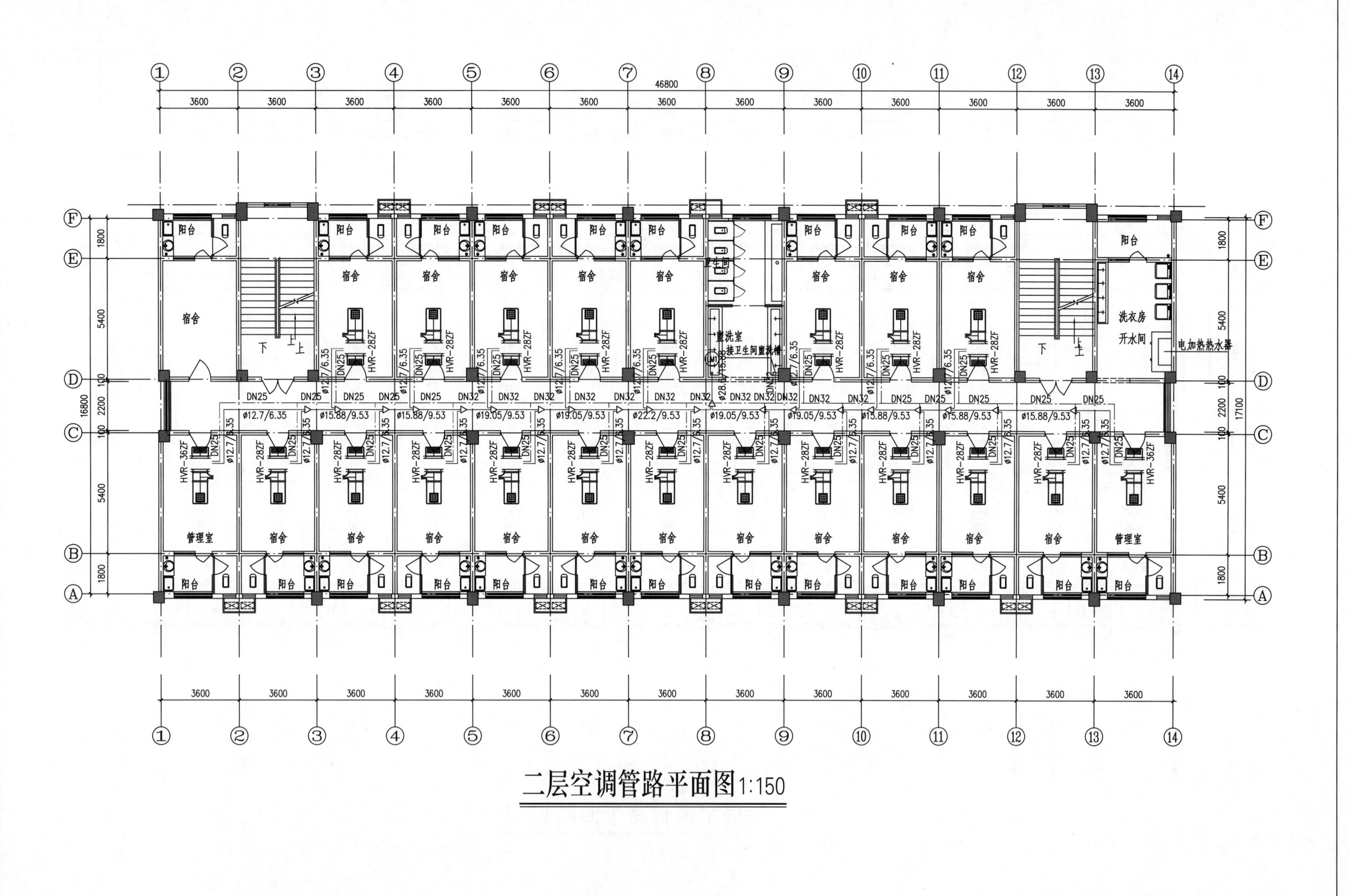

二层空调管路平面图1:150

图纸编号 暖施-09 工程名称 专用宿舍楼 图纸名称 二层空调管路平面图

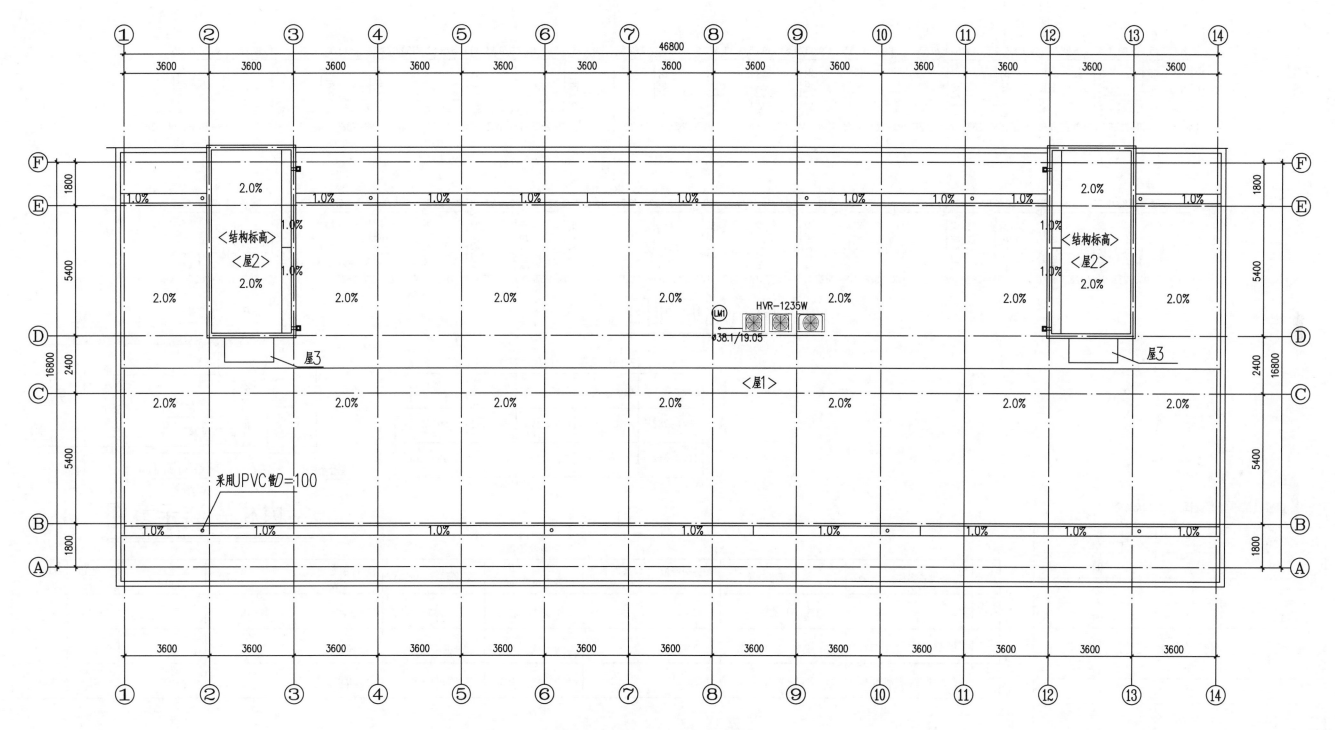

屋顶室外机布置图 1:150

| 图纸编号 | 暖施-10 | 工程名称 | 专用宿舍楼 | 图纸名称 | 屋顶室外机布置图 |

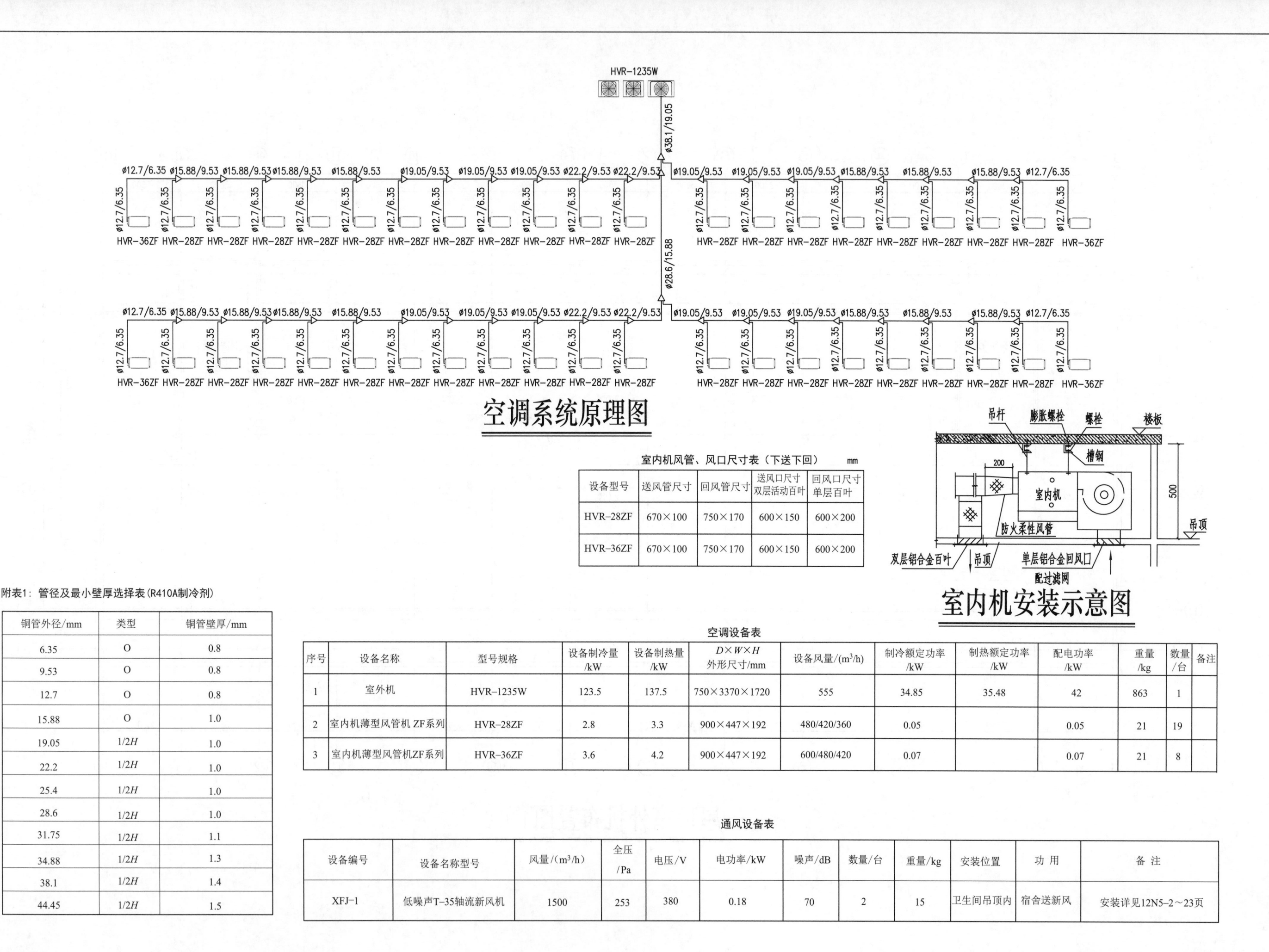

空调系统原理图

室内机风管、风口尺寸表（下送下回） mm

设备型号	送风管尺寸	回风管尺寸	送风口尺寸双层活动百叶	回风口尺寸单层百叶
HVR-28ZF	670×100	750×170	600×150	600×200
HVR-36ZF	670×100	750×170	600×150	600×200

室内机安装示意图

附表1：管径及最小壁厚选择表（R410A制冷剂）

铜管外径/mm	类型	铜管壁厚/mm
6.35	O	0.8
9.53	O	0.8
12.7	O	0.8
15.88	O	1.0
19.05	1/2H	1.0
22.2	1/2H	1.0
25.4	1/2H	1.0
28.6	1/2H	1.0
31.75	1/2H	1.1
34.88	1/2H	1.3
38.1	1/2H	1.4
44.45	1/2H	1.5

空调设备表

序号	设备名称	型号规格	设备制冷量/kW	设备制热量/kW	D×W×H 外形尺寸/mm	设备风量/(m³/h)	制冷额定功率/kW	制热额定功率/kW	配电功率/kW	重量/kg	数量/台	备注
1	室外机	HVR-1235W	123.5	137.5	750×3370×1720	555	34.85	35.48	42	863	1	
2	室内机薄型风管机 ZF系列	HVR-28ZF	2.8	3.3	900×447×192	480/420/360	0.05		0.05	21	19	
3	室内机薄型风管机ZF系列	HVR-36ZF	3.6	4.2	900×447×192	600/480/420	0.07		0.07	21	8	

通风设备表

设备编号	设备名称型号	风量/(m³/h)	全压/Pa	电压/V	电功率/kW	噪声/dB	数量/台	重量/kg	安装位置	功用	备注
XFJ-1	低噪声T-35轴流新风机	1500	253	380	0.18	70	2	15	卫生间吊顶内	宿舍送新风	安装详见12N5-2～23页

本页可以AR识别

图纸编号	暖施-11	工程名称	专用宿舍楼	图纸名称	空调系统原理图

电 气 设 计 总 说 明

一、设计依据

1. 广联达相关部门主管的审批文件。
2. 国家现行的主要标准及法规
《建筑设计防火规范》(GB 50016—2006))
《建筑物防雷设计规范》(GB 50057—2010
《民用建筑电气设计规范》(JGJ 16—2008)
《供配电系统设计规范》(GB 50052—2009)
《低压配电设计规范》(GB 50054—2011)
其他有关国家及地方现行规程、规范及标准。

二、设计范围

本工程设计包括以下电气系统:220V/380V配电系统、建筑物防雷、接地系统及安全措施、电话系统、网络布线系统。

三、220/380配电系统

1. 负荷分类及容量
本单体用电负荷等级为三级负荷。安装容量共:130kW。
2. 供电电源:本工程供电电源由图书馆变配电室引来,进线电缆从建筑物外埋地引入,直接进入总配电箱。
3. 计费:在进线箱处计量。
4. 供电方式:本工程采用放射与树干式供电方式。
5. 照明配电:电源进线处设置剩余电流动作保护器(SPD)。照明插座、均由不同的支路供电;除空调插座外,所有插座回路均设漏电断路器保护。

四、设备安装

1. 总配电箱和层电表箱嵌墙暗装,底边距地1.5m、1.8m。
2. 除注明外,开关、插座分别距地1.3m、0.3m暗装。卫生间内开关选用防溅型面板;宿舍空调插座为2.2m暗装。其他未注安装见主要设备材料表。

五、导线选择及敷设

1. 由室外埋地引入的进线电缆选用YJV22-1kV交联聚乙烯绝缘电力电缆,穿钢管理地敷设。
2. 由总配电箱引至的层电表箱的电缆选用YJV-1kV交联聚乙烯绝缘电力电缆,穿钢管理墙内敷设。
3. 由层间配电箱引至住户配电箱的线路选用BV-500V聚乙烯绝缘铜芯导线,穿阻燃PVC管沿墙或板缝暗敷设。
4. 专用接地线采用黄绿双色铜芯导线。

六、建筑物防雷接地系统及安全措施

(一)建筑物防雷

1. 本工程防雷等级为三类。建筑物防雷装置应满足防直击雷、雷电波的侵入,并设置总等电位联结。
2. 在屋顶采用φ10热镀锌圆钢作避雷带,屋顶避雷带连接线网格不大于20m×20m或24m×16m。
3. 利用建筑物钢筋混凝土柱子或剪力墙内对角两根φ16以上主筋通长连接作为引下线,引下线间距不大于25m。所有外墙引下线在室外地面下1m处引出一根40mm×4mm热镀锌扁钢,扁钢伸出室外散水,预留长度不小于1m。
4. 接地极为建筑物基础底梁上的上下两层钢筋中的两根主筋通长连接形成的基础接地网。
5. 引下线上端与避雷带连接,下端与接地极连接。建筑物四角的外墙引下线在室外地面上0.5m处设测试卡子。
6. 凡突出屋面的所有金属构件、金属管道、金属屋面、金属屋架等均与避雷带可靠连接。
7. 室外接地凡焊接处均应刷沥青防腐。

(二)接地系统及安全措施

1. 本工程防雷接地、电气设备的保护接地等的接地共用统一的接地极,接地电阻值要求为上述接地系统接地电阻最小值,不大于1Ω,实测不满足要求时,增设人工接地极。
2. 凡正常不带电,而当绝缘破坏有可能呈现电压的一切电气设备金属外壳均应可靠接地。
3. 本工程采用总等电位联结,总等电位板由紫铜板制成,应将建筑物内保护干线、设备进线总管等进行联结,总等电位箱联结采用BV-1×25mm²PC32。总等电位联结均采用等电位卡子,禁止在金属管道上焊接。卫生间采用局部等电位联结,从适当地方引出两根大于φ16结构钢筋至局部等电位箱(LEB),局部等电位箱暗装,底边距地0.3m。将卫生间内所有外漏的金属管道及金属构件与LEB连接。

4. 过电压保护:在电源总配电箱安装第一级过电压保护器(SPD)。
5. 电话引入端和网络引入端等处设过电压保护装置。
6. 本工程接地型式采用TN-C-S系统,PEN线在进户处作重复接地,与防雷接地共用接地极。

七、电气节能及环保措施

1. 采用高光效、高效灯具及高效的灯具附件。
2. 走道、楼梯间照明选用节能自熄式开关,节能自熄开关采用红外移动探测加光控开关。应急照明在应急时强制点亮。应急照明持续时间不小于30min。
3. 选用绿色、环保且经国家认证的电气产品。在满足国家规范及供电行业标准的前提下,选用高性能电气设备、高品质电缆、电线以降低自身损耗。

八、电话系统

1. 市政电话电缆先由室外引入一层电话总接线箱,再由总接线箱引至各层接线箱。
2. 电话电缆及电话线分别选用HYA型和RVS型,分别穿钢管、PVC管敷设。电话干线电缆在地面内暗敷,上引时敷设墙内。电话支线沿墙及楼板暗敷。

九、网络布线系统

1. 由室外引来的数据网线至一层网络设备箱,再由网络设备箱引出四芯多模光纤配线给各层配线箱。
2. 网络电缆进线穿钢管埋地暗敷;从网层络配线箱引至计算机插座的线路采用UTP-5网线,穿PVC管沿墙及楼板暗敷。

十、其他

1. 凡与施工有关而又未说明之处,请参见国家、地方标准图集施工,或与设计单位协商解决。本工程施工中所选设备、材料必须出具国家级检测中心的检测合格证书,必须满足与产品相关的国家标准。
2. 电气施工要求与相关专业密切配合,未尽事宜应遵照《建筑电气施工质量验收规范》(GB 500303—2002)和其他国家现行的有关施工验收规范执行。

图 纸 目 录

图 例 说 明

序号	符号	设 备 名 称	型号规格	备注
1		配电箱	见系统图	距地1.8m
2		动力箱	见系统图	距地1.8m
3	JX1	进线箱	见系统图	距地1.5m
4		双管荧光灯	220V,2×36W	吸顶安装
5		吸顶灯	220V,36W	吸顶安装
6		暗装单极开关	甲方自选	距地1.3m
7		暗装双极开关	甲方自选	距地1.3m
8		暗装三极开关	甲方自选	距地1.3m
9		单相暗装插座/安全型	220V/10A	距地0.3m
10		空调插座	220V/16A	距地2.2m
11		单极限时开关	甲方自选	吸顶安装
12		室内机薄型风管机	见暖通图纸	
13		风管机开关	甲方自选	
14		弱电配线箱	甲方自选	距地0.5m
15	TP	电话插座	KGT01	距地0.3m
16	TO	网络插座	KGT02	距地0.3m
17	LEB	接地端子板	甲方自选	距地0.3m
18	MEB	总等电位接地端子板	甲方自选	距地0.3m
19		自带电源照明灯	220V,2×8W(应急时间≥60min)	距地2.5m
20		疏散指示灯	220V,8W(应急时间≥60min)	距地0.3m
21		安全出口灯	220V,8W(应急时间≥60min)	距地2.4m
22		防水防尘灯	220V,36W	吸顶安装
23		防水插座	220V,36W	距地1.5m安装
24		区域型火灾报警控制器		距地1.4m安装
25		火灾报警接线端子箱		距地1.4m安装
26		感烟探测器		吸顶安装
27		报警电话		距地1.4m安装
28		手动报警按钮		距地1.4m安装
29		声光报警器		距地2.5m安装
30		吸顶式扬声器		吸顶安装
31		监测模块		
32		短路隔离器		

图纸编号	电施-01	工程名称	专用宿舍楼	图纸名称	电气设计总说明

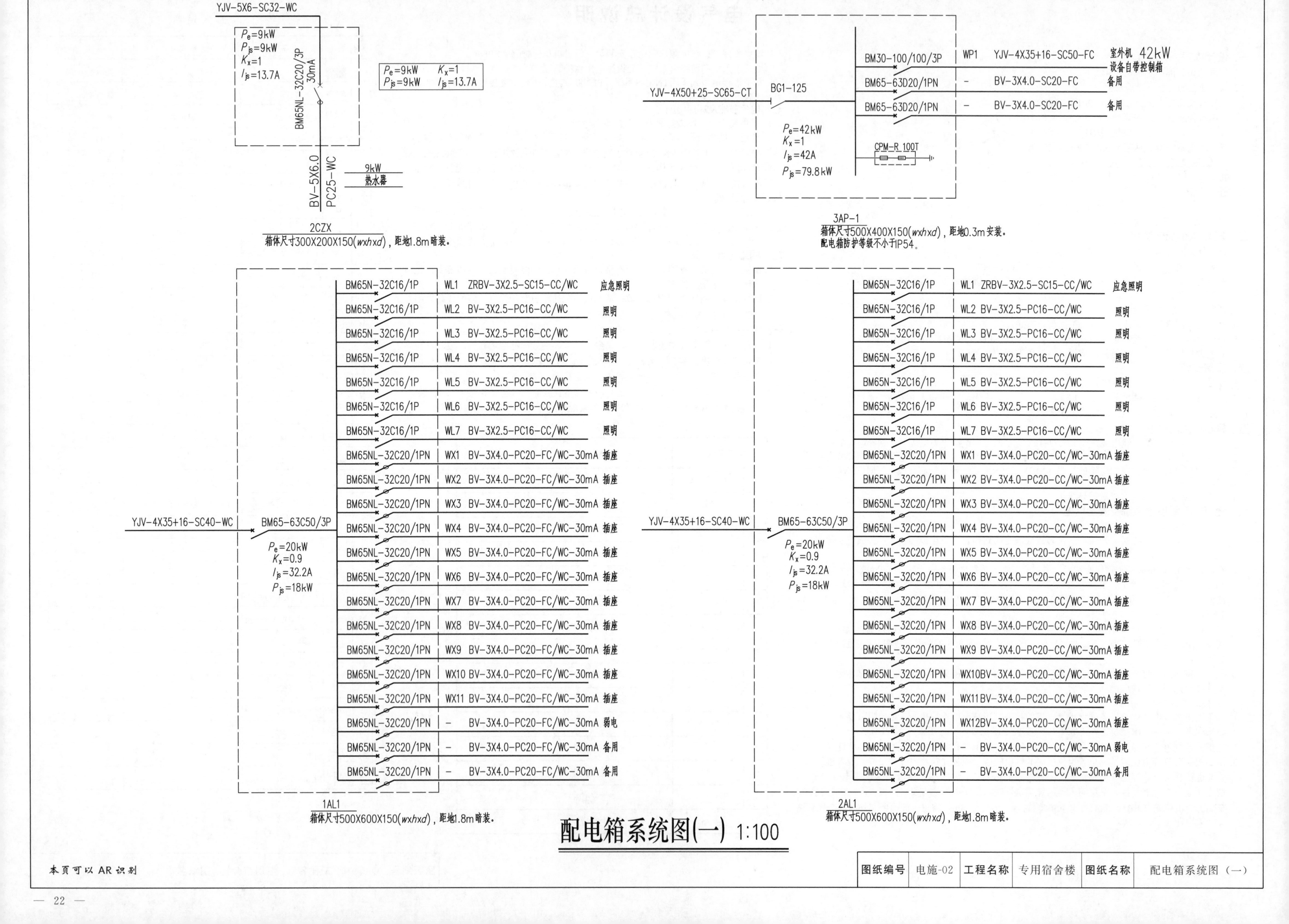

YJV-5X6-SC32-WC

$P_e=9kW$
$P_{js}=9kW$
$K_x=1$
$I_{js}=13.7A$

$P_e=9kW$ $K_x=1$
$P_{js}=9kW$ $I_{js}=13.7A$

BM65NL-32C20/3P
30mA

BV-5X6.0

PC25-WC   9kW
热水器

2CZX
箱体尺寸300X200X150(wxhxd)，距地1.8m暗装.

BM30-100/100/3P   WP1   YJV-4X35+16-SC50-FC   室外机 42kW
设备自带控制箱

YJV-4X50+25-SC65-CT   BG1-125   BM65-63D20/1PN   -   BV-3X4.0-SC20-FC   备用

BM65-63D20/1PN   -   BV-3X4.0-SC20-FC   备用

$P_e=42kW$
$K_x=1$
$I_{js}=42A$
$P_{js}=79.8kW$

CPM-R 100T

3AP-1
箱体尺寸500X400X150(wxhxd)，距地0.3m安装.
配电箱防护等级不小于IP54.

BM65N-32C16/1P	WL1	ZRBV-3X2.5-SC15-CC/WC	应急照明
BM65N-32C16/1P	WL2	BV-3X2.5-PC16-CC/WC	照明
BM65N-32C16/1P	WL3	BV-3X2.5-PC16-CC/WC	照明
BM65N-32C16/1P	WL4	BV-3X2.5-PC16-CC/WC	照明
BM65N-32C16/1P	WL5	BV-3X2.5-PC16-CC/WC	照明
BM65N-32C16/1P	WL6	BV-3X2.5-PC16-CC/WC	照明
BM65N-32C16/1P	WL7	BV-3X2.5-PC16-CC/WC	照明
BM65NL-32C20/1PN	WX1	BV-3X4.0-PC20-FC/WC-30mA	插座
BM65NL-32C20/1PN	WX2	BV-3X4.0-PC20-FC/WC-30mA	插座
BM65NL-32C20/1PN	WX3	BV-3X4.0-PC20-FC/WC-30mA	插座
BM65NL-32C20/1PN	WX4	BV-3X4.0-PC20-FC/WC-30mA	插座
BM65NL-32C20/1PN	WX5	BV-3X4.0-PC20-FC/WC-30mA	插座
BM65NL-32C20/1PN	WX6	BV-3X4.0-PC20-FC/WC-30mA	插座
BM65NL-32C20/1PN	WX7	BV-3X4.0-PC20-FC/WC-30mA	插座
BM65NL-32C20/1PN	WX8	BV-3X4.0-PC20-FC/WC-30mA	插座
BM65NL-32C20/1PN	WX9	BV-3X4.0-PC20-FC/WC-30mA	插座
BM65NL-32C20/1PN	WX10	BV-3X4.0-PC20-FC/WC-30mA	插座
BM65NL-32C20/1PN	WX11	BV-3X4.0-PC20-FC/WC-30mA	插座
BM65NL-32C20/1PN	-	BV-3X4.0-PC20-FC/WC-30mA	弱电
BM65NL-32C20/1PN	-	BV-3X4.0-PC20-FC/WC-30mA	备用
BM65NL-32C20/1PN	-	BV-3X4.0-PC20-FC/WC-30mA	备用

YJV-4X35+16-SC40-WC   BM65-63C50/3P

$P_e=20kW$
$K_x=0.9$
$I_{js}=32.2A$
$P_{js}=18kW$

1AL1
箱体尺寸500X600X150(wxhxd)，距地1.8m暗装.

BM65N-32C16/1P	WL1	ZRBV-3X2.5-SC15-CC/WC	应急照明
BM65N-32C16/1P	WL2	BV-3X2.5-PC16-CC/WC	照明
BM65N-32C16/1P	WL3	BV-3X2.5-PC16-CC/WC	照明
BM65N-32C16/1P	WL4	BV-3X2.5-PC16-CC/WC	照明
BM65N-32C16/1P	WL5	BV-3X2.5-PC16-CC/WC	照明
BM65N-32C16/1P	WL6	BV-3X2.5-PC16-CC/WC	照明
BM65N-32C16/1P	WL7	BV-3X2.5-PC16-CC/WC	照明
BM65NL-32C20/1PN	WX1	BV-3X4.0-PC20-CC/WC-30mA	插座
BM65NL-32C20/1PN	WX2	BV-3X4.0-PC20-CC/WC-30mA	插座
BM65NL-32C20/1PN	WX3	BV-3X4.0-PC20-CC/WC-30mA	插座
BM65NL-32C20/1PN	WX4	BV-3X4.0-PC20-CC/WC-30mA	插座
BM65NL-32C20/1PN	WX5	BV-3X4.0-PC20-CC/WC-30mA	插座
BM65NL-32C20/1PN	WX6	BV-3X4.0-PC20-CC/WC-30mA	插座
BM65NL-32C20/1PN	WX7	BV-3X4.0-PC20-CC/WC-30mA	插座
BM65NL-32C20/1PN	WX8	BV-3X4.0-PC20-CC/WC-30mA	插座
BM65NL-32C20/1PN	WX9	BV-3X4.0-PC20-CC/WC-30mA	插座
BM65NL-32C20/1PN	WX10	BV-3X4.0-PC20-CC/WC-30mA	插座
BM65NL-32C20/1PN	WX11	BV-3X4.0-PC20-CC/WC-30mA	插座
BM65NL-32C20/1PN	WX12	BV-3X4.0-PC20-CC/WC-30mA	插座
BM65NL-32C20/1PN	-	BV-3X4.0-PC20-CC/WC-30mA	弱电
BM65NL-32C20/1PN	-	BV-3X4.0-PC20-CC/WC-30mA	备用

YJV-4X35+16-SC40-WC   BM65-63C50/3P

$P_e=20kW$
$K_x=0.9$
$I_{js}=32.2A$
$P_{js}=18kW$

2AL1
箱体尺寸500X600X150(wxhxd)，距地1.8m暗装.

配电箱系统图(一) 1:100

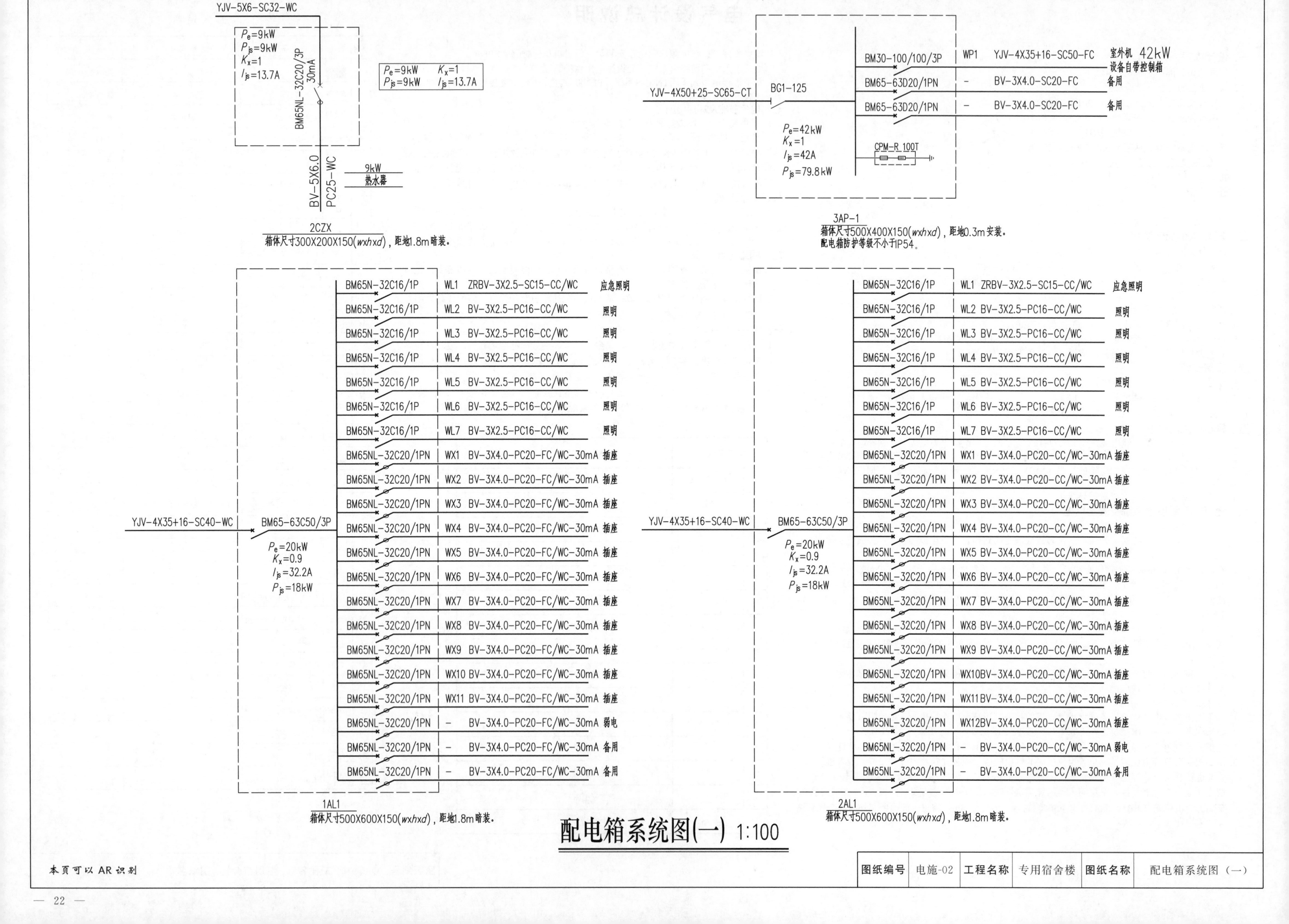

本页可以AR识别

| 图纸编号 | 电施-02 | 工程名称 | 专用宿舍楼 | 图纸名称 | 配电箱系统图（一） |

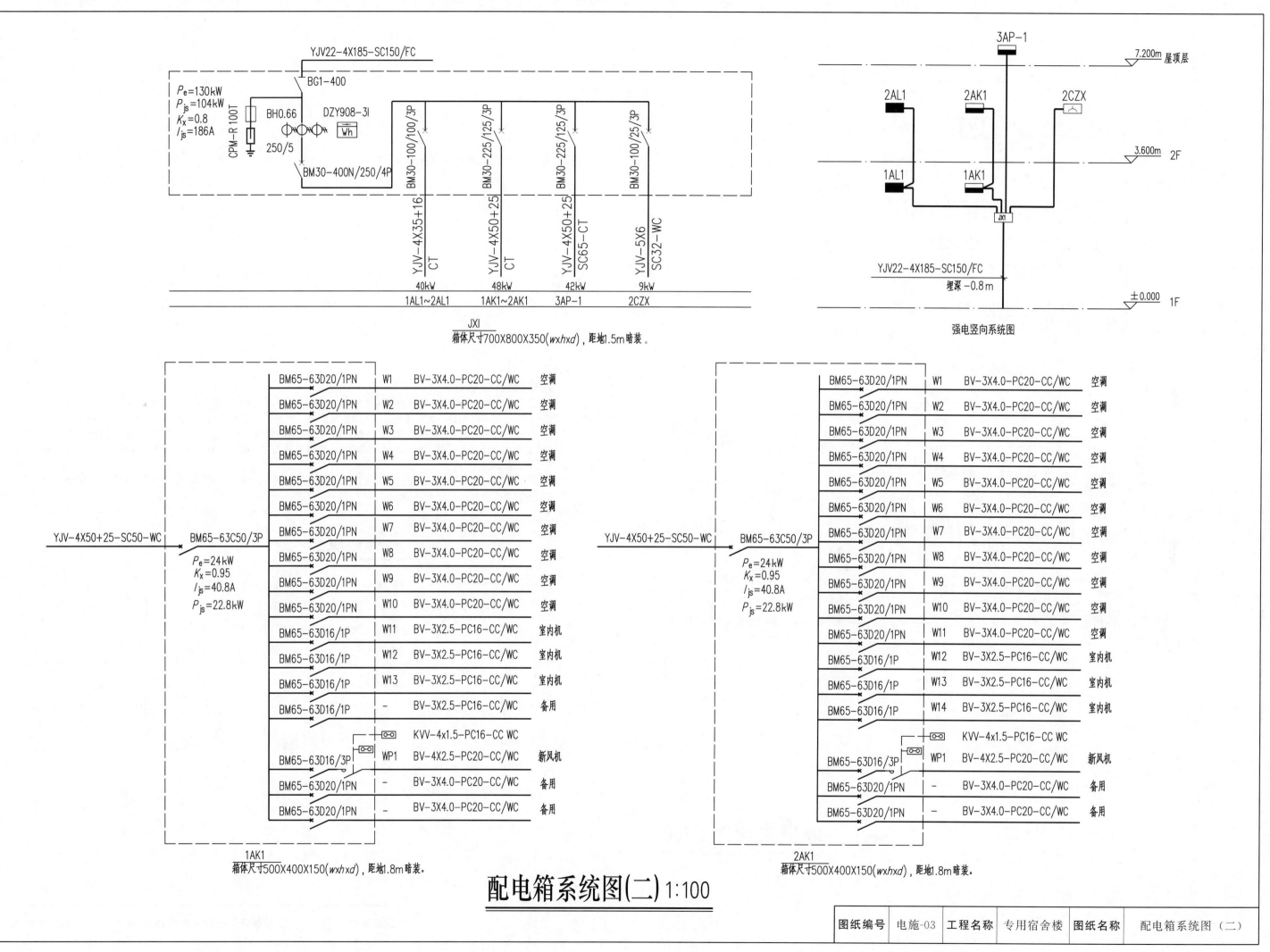

YJV22-4X185-SC150/FC

P_e=130kW
P_{js}=104kW
K_x=0.8
I_{js}=186A

BG1-400

CPM-R 100T

BH0.66

DZY908-3I
Wh

250/5

BM30-400N/250/4P

BM30-100/100/3P
BM30-225/125/3P
BM30-225/125/3P
BM30-100/25/3P

YJV-4X35+16
CT

YJV-4X50+25
CT

YJV-4X50+25
SC65-CT

YJV-5X6
SC32-WC

40kW
48kW
42kW
9kW

1AL1~2AL1
1AK1~2AK1
3AP-1
2CZX

JXI
箱体尺寸700X800X350(wxhxd)，距地1.5m暗装。

3AP-1

7.200m 屋顶层

2AL1
2AK1
2CZX

1AL1
1AK1

JX1

3.600m 2F

YJV22-4X185-SC150/FC
埋深-0.8m

±0.000 1F

强电竖向系统图

1AK1

YJV-4X50+25-SC50-WC

BM65-63C50/3P

P_e=24kW
K_x=0.95
I_{js}=40.8A
P_{js}=22.8kW

BM65-63D20/1PN	W1	BV-3X4.0-PC20-CC/WC	空调
BM65-63D20/1PN	W2	BV-3X4.0-PC20-CC/WC	空调
BM65-63D20/1PN	W3	BV-3X4.0-PC20-CC/WC	空调
BM65-63D20/1PN	W4	BV-3X4.0-PC20-CC/WC	空调
BM65-63D20/1PN	W5	BV-3X4.0-PC20-CC/WC	空调
BM65-63D20/1PN	W6	BV-3X4.0-PC20-CC/WC	空调
BM65-63D20/1PN	W7	BV-3X4.0-PC20-CC/WC	空调
BM65-63D20/1PN	W8	BV-3X4.0-PC20-CC/WC	空调
BM65-63D20/1PN	W9	BV-3X4.0-PC20-CC/WC	空调
BM65-63D20/1PN	W10	BV-3X4.0-PC20-CC/WC	空调
BM65-63D16/1P	W11	BV-3X2.5-PC16-CC/WC	室内机
BM65-63D16/1P	W12	BV-3X2.5-PC16-CC/WC	室内机
BM65-63D16/1P	W13	BV-3X2.5-PC16-CC/WC	室内机
BM65-63D16/1P	—	BV-3X2.5-PC16-CC/WC	备用

KVV-4x1.5-PC16-CC WC

BM65-63D16/3P · WP1 · BV-4X2.5-PC20-CC/WC · 新风机

BM65-63D20/1PN · — · BV-3X4.0-PC20-CC/WC · 备用
BM65-63D20/1PN · — · BV-3X4.0-PC20-CC/WC · 备用

1AK1
箱体尺寸500X400X150(wxhxd)，距地1.8m暗装。

2AK1

YJV-4X50+25-SC50-WC

BM65-63C50/3P

P_e=24kW
K_x=0.95
I_{js}=40.8A
P_{js}=22.8kW

BM65-63D20/1PN	W1	BV-3X4.0-PC20-CC/WC	空调
BM65-63D20/1PN	W2	BV-3X4.0-PC20-CC/WC	空调
BM65-63D20/1PN	W3	BV-3X4.0-PC20-CC/WC	空调
BM65-63D20/1PN	W4	BV-3X4.0-PC20-CC/WC	空调
BM65-63D20/1PN	W5	BV-3X4.0-PC20-CC/WC	空调
BM65-63D20/1PN	W6	BV-3X4.0-PC20-CC/WC	空调
BM65-63D20/1PN	W7	BV-3X4.0-PC20-CC/WC	空调
BM65-63D20/1PN	W8	BV-3X4.0-PC20-CC/WC	空调
BM65-63D20/1PN	W9	BV-3X4.0-PC20-CC/WC	空调
BM65-63D20/1PN	W10	BV-3X4.0-PC20-CC/WC	空调
BM65-63D20/1PN	W11	BV-3X4.0-PC20-CC/WC	空调
BM65-63D16/1P	W12	BV-3X2.5-PC16-CC/WC	室内机
BM65-63D16/1P	W13	BV-3X2.5-PC16-CC/WC	室内机
BM65-63D16/1P	W14	BV-3X2.5-PC16-CC/WC	室内机

KVV-4x1.5-PC16-CC WC

BM65-63D16/3P · WP1 · BV-4X2.5-PC20-CC/WC · 新风机

BM65-63D20/1PN · — · BV-3X4.0-PC20-CC/WC · 备用
BM65-63D20/1PN · — · BV-3X4.0-PC20-CC/WC · 备用

2AK1
箱体尺寸500X400X150(wxhxd)，距地1.8m暗装。

配电箱系统图(二) 1:100

图纸编号	电施-03	工程名称	专用宿舍楼	图纸名称	配电箱系统图（二）

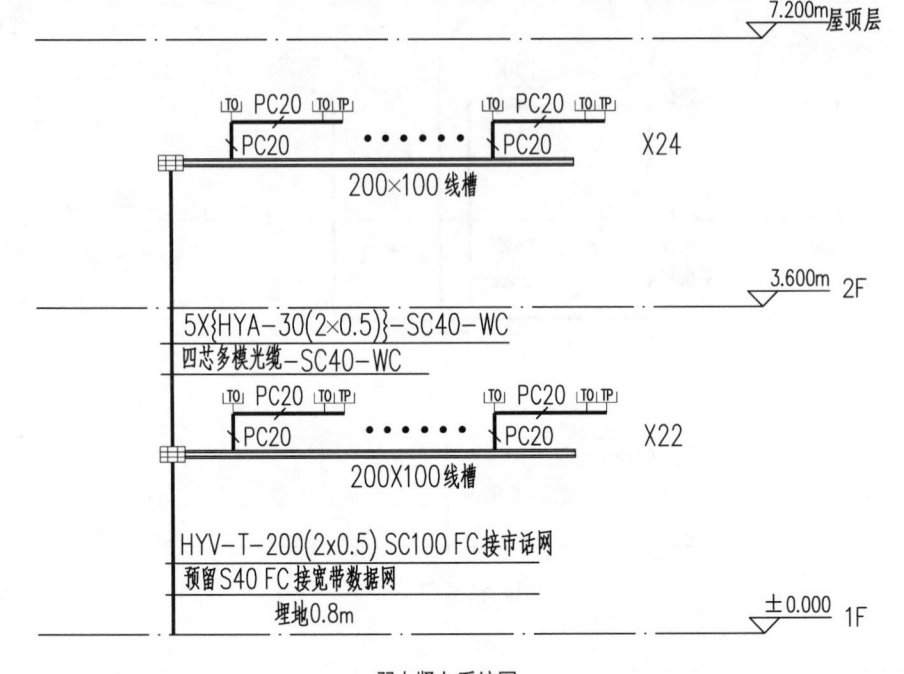

7.200m屋顶层

|TD|TP| PC20 |TD|TP| |TD|TP| PC20 |TD|TP|

PC20 ・・・・・・ PC20   X24

200×100线槽

3.600m 2F

5X{HYA-30(2×0.5)}-SC40-WC

四芯多模光缆-SC40-WC

|TD|TP| PC20 |TD|TP| |TD|TP| PC20 |TD|TP|

PC20 ・・・・・・ PC20   X22

200X100线槽

HYV-T-200(2x0.5) SC100 FC接市话网

预留S40 FC接宽带数据网

埋地0.8m

±0.000 1F

弱电竖向系统图

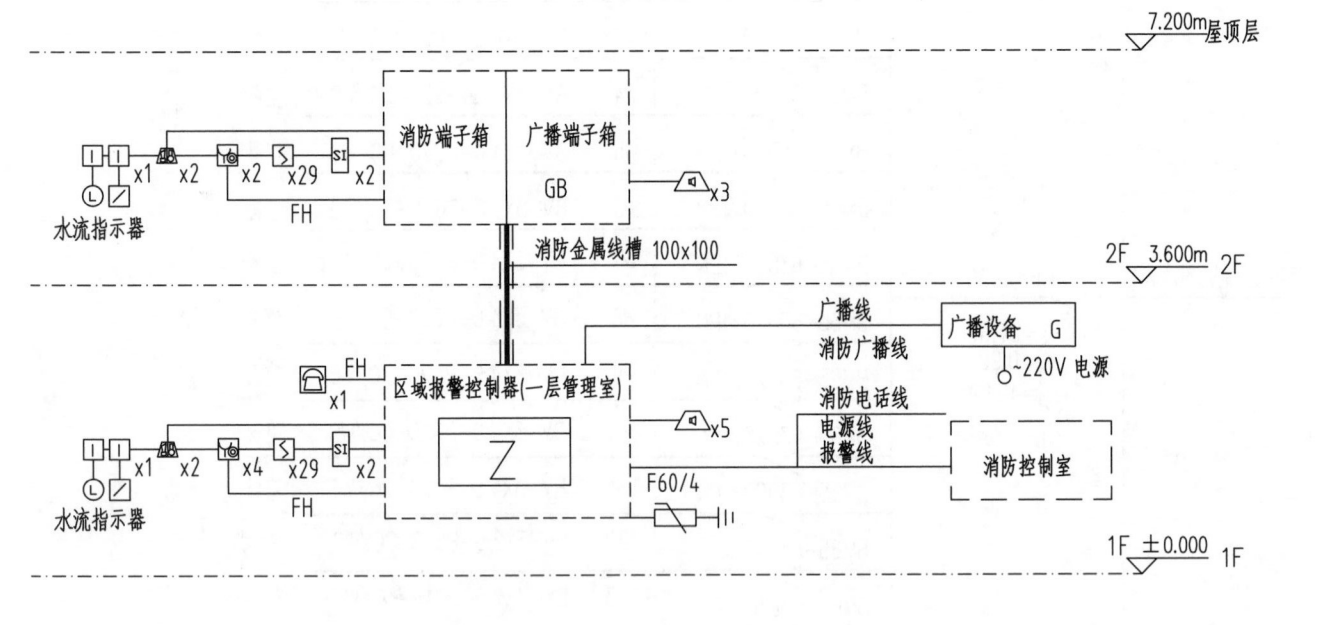

7.200m屋顶层

消防端子箱   广播端子箱
              GB

水流指示器   x1 x2 x2 x29 S1 x2

FH

x3

2F 3.600m 2F

消防金属线槽 100×100

广播线

消防广播线   广播设备 G

~220V 电源

x1

FH

区域报警控制器(一层管理室)

消防电话线   x5

电源线   报警线

消防控制室

水流指示器   x1 x2 x2 x29 S1 x2

FH

Z

F60/4

1F ±0.000 1F

消防报警系统图

消防报警系统设计说明:

1.本工程选用区域火灾报警控制系统，区域型火灾报警控制器设置于一层管理室，消防端子箱设于二层管理室，明装。消防设置专用电话、火灾探测器、手动报警器等，消防报警信号引至消防控制中心，并显示报警部位。

2.在宿舍与公共空间处设感烟探测器，在各层出入口设手动报警按钮及消防电话插孔及声光报警装置；报警线路进线后引至区域型火灾报警控制器所，后沿金属线槽引至二层接线端子箱；报警线路经区域火灾报警控制器引至消防控制室。

3.消防报警线路、消防广播、消防电话等均穿SC20管于建筑物墙、地面、顶板暗敷设，并应敷设在不燃烧体的结构层内，且保护厚度不宜小于30mm。

火灾报警系统电缆表:

线型	代号	名称	规格
—————S—————	S	报警总线	NHRVS-2×1.5 SC15 CC
—————D—————	D	电源线	NHBV-2×2.5 SC20 CC
—————FH—————	FH	报警电话线、消防直通电话线	NHRVS-2×1.0 SC15 FC,WC
—————B—————	B	紧急广播线	NHRVV-3×1.5 SC15 CC,WC
|S1|		短路隔离器	

弱电系统图 1:100

图纸编号	电施-04	工程名称	专用宿舍楼	图纸名称	弱电系统图

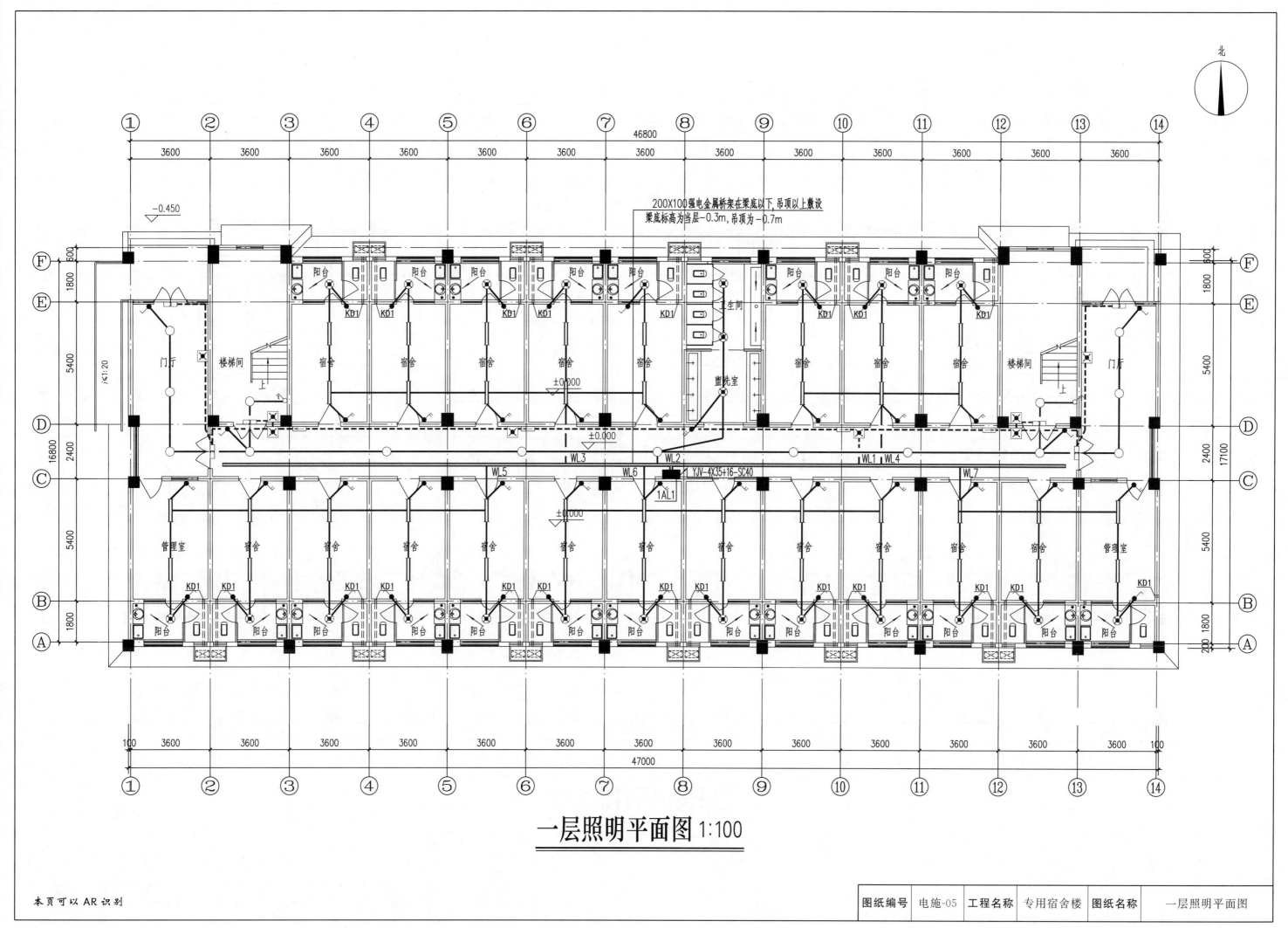

一层照明平面图 1:100

本页可以 AR 识别

| 图纸编号 | 电施-05 | 工程名称 | 专用宿舍楼 | 图纸名称 | 一层照明平面图 |

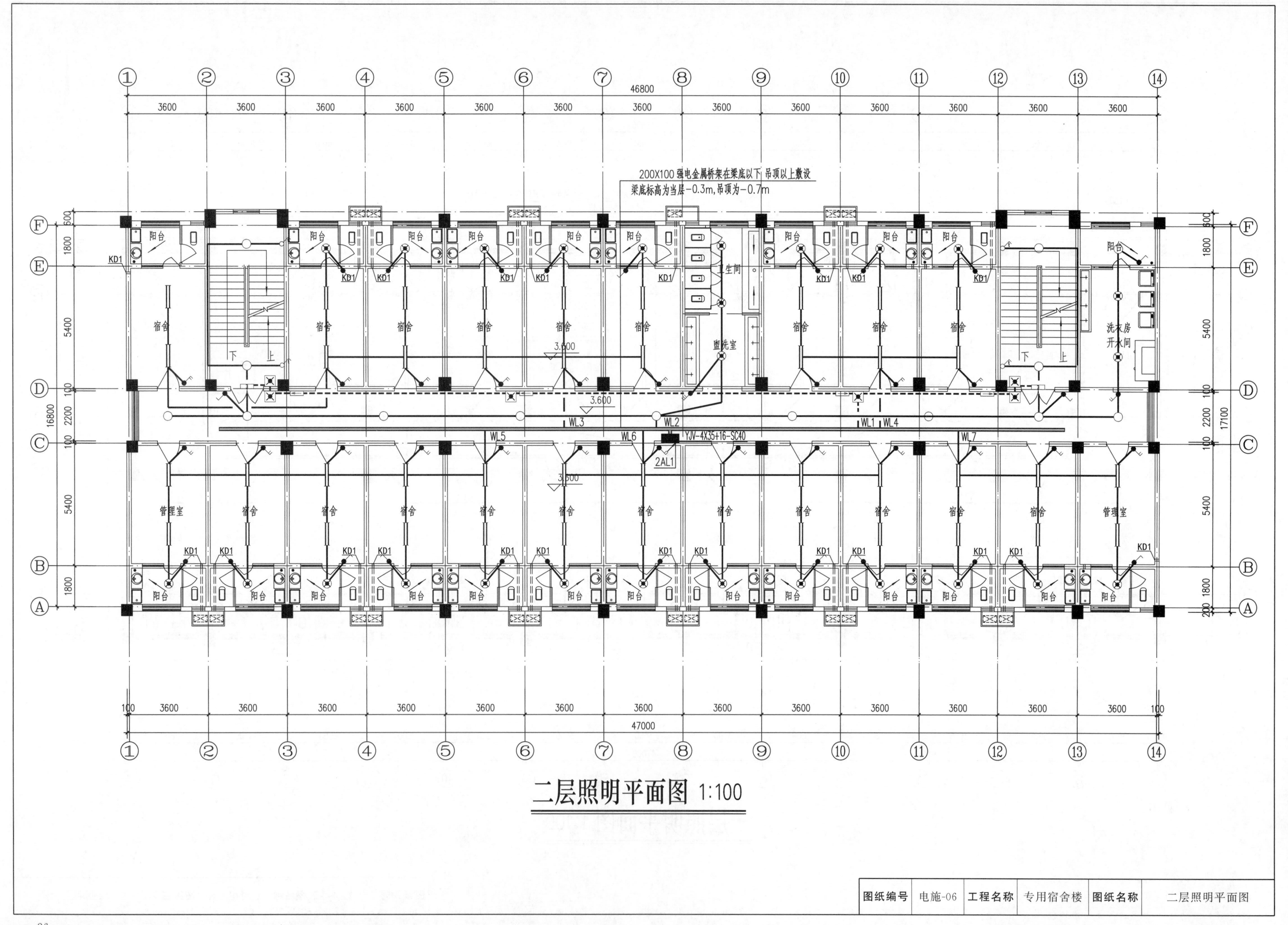

二层照明平面图 1:100

| 图纸编号 | 电施-06 | 工程名称 | 专用宿舍楼 | 图纸名称 | 二层照明平面图 |

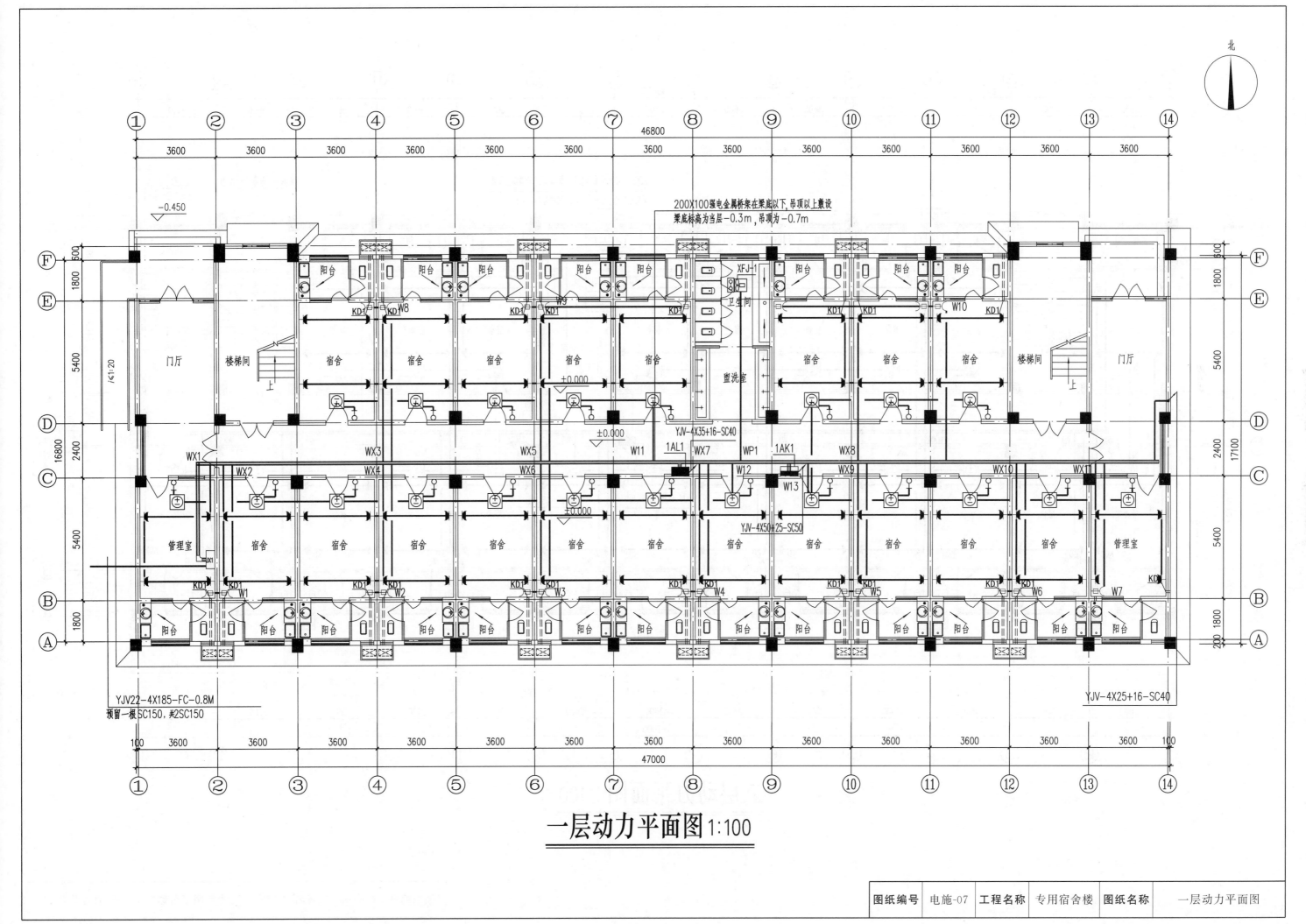

一层动力平面图1:100

| 图纸编号 | 电施-07 | 工程名称 | 专用宿舍楼 | 图纸名称 | 一层动力平面图 |

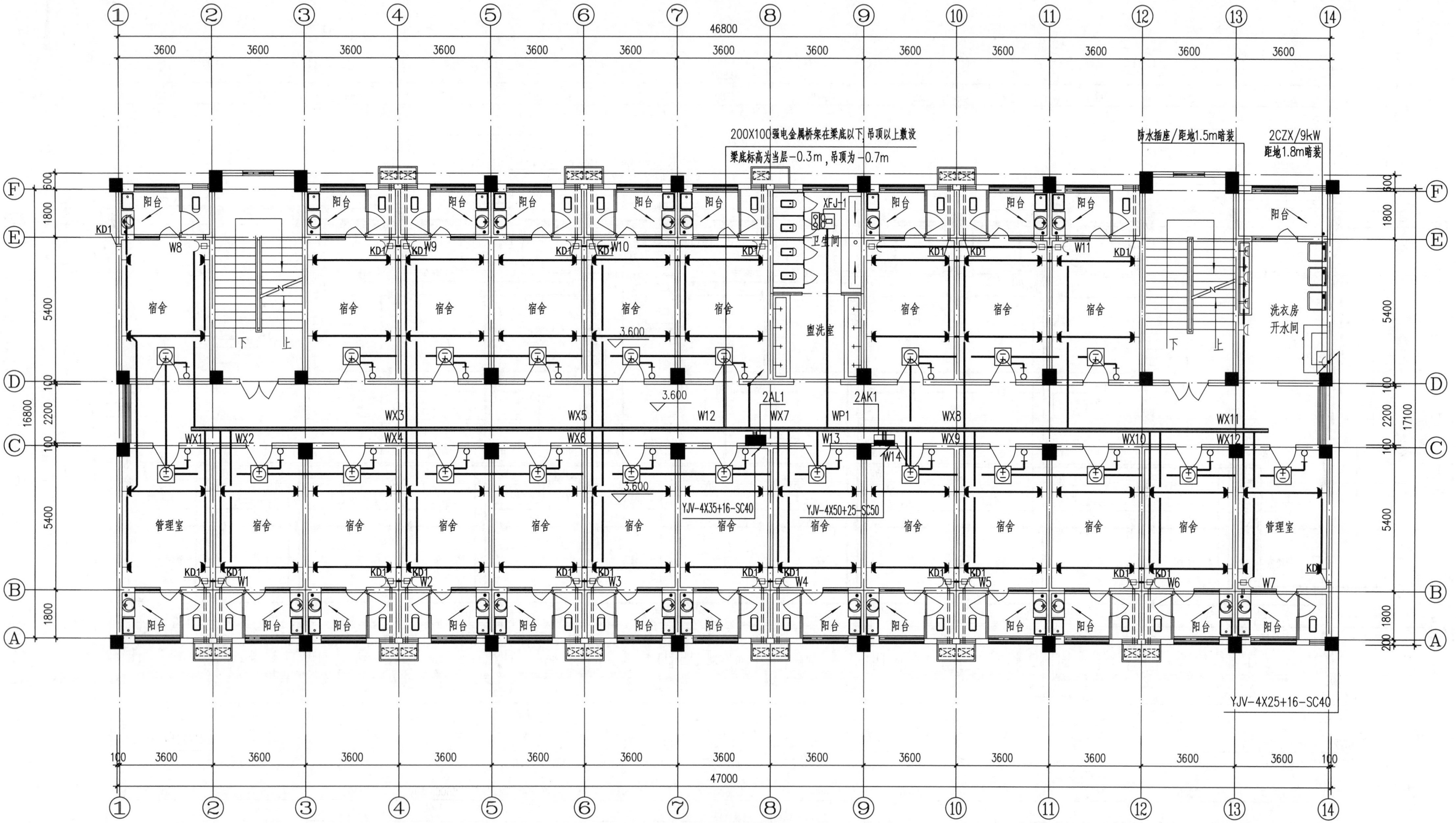
200X100强电金属桥架在梁底以下,吊顶以上敷设
梁底标高为当层-0.3m,吊顶为-0.7m
防水插座/距地1.5m暗装
2CZX/9kW
距地1.8m暗装
YJV-4X35+16-SC40
YJV-4X50+25-SC50
YJV-4X25+16-SC40
2AL1
2AK1
WP1
XFJ-1
宿舍
管理室
阳台
盥洗室
卫生间
洗衣房
开水间
46800
47000

二层动力平面图 1:100

图纸编号	电施-08	工程名称	专用宿舍楼	图纸名称	二层动力平面图

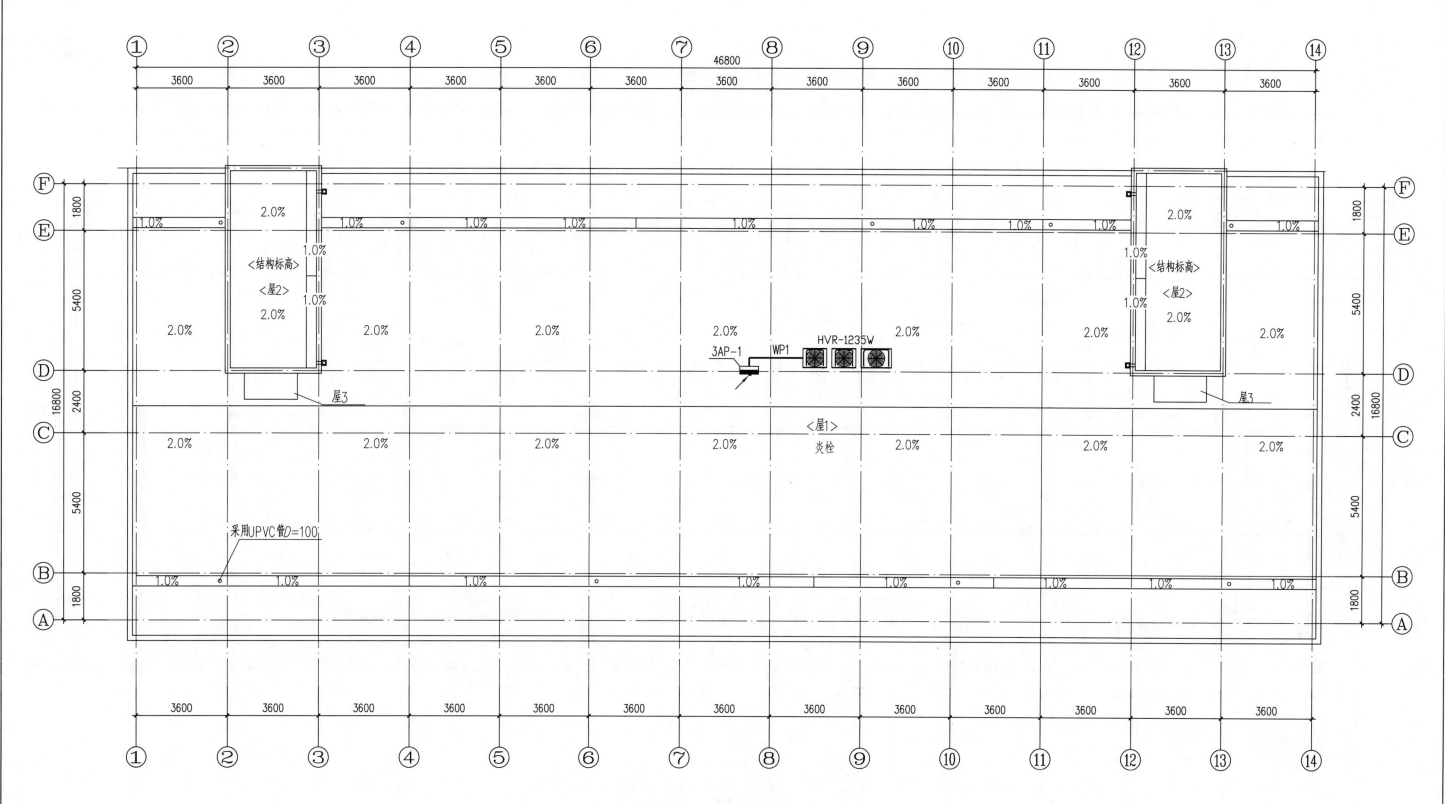

三层动力平面图 1:100

| 图纸编号 | 电施-09 | 工程名称 | 专用宿舍楼 | 图纸名称 | 三层动力平面图 |

46800

① ② ③ ④ ⑤ ⑥ ⑦ ⑧ ⑨ ⑩ ⑪ ⑫ ⑬ ⑭

3600 3600 3600 3600 3600 3600 3600 3600 3600 3600 3600 3600 3600

−0.450

200X100弱电金属桥架在梁底以下，吊顶以上敷设
梁底标高为当层−0.3m，吊顶为−0.7m

Ⓕ 600 阳台 阳台 阳台 阳台 阳台 阳台 阳台 Ⓕ 600
1800 1800
Ⓔ KD1 KD1 KD1 KD1 KD1 卫生间 KD1 KD1 KD1 Ⓔ

5400 门厅 楼梯间 ±0.000 5400
宿舍 宿舍 宿舍 宿舍 宿舍 宿舍 宿舍 宿舍
i<1:20 上 TO PC20 TO PC20 TO PC20 TO PC20 TO PC20 盥洗室 TO PC20 TO PC20 TO PC20 上
PC20 PC20 PC20 PC20 PC20 PC20 PC20 PC20

Ⓓ ±0.000 Ⓓ
16800 2400 PC20 PC20 PC20 PC20 PC20 PC20 PC20 PC20 PC20 PC20 PC20 2400 17100

Ⓒ Ⓒ
5400 PC20 PC20 PC20 PC20 PC20 PC20 PC20 PC20 PC20 PC20 PC20 PC20
TO TO TO TO TO TO TO TO TO TO TO TO

PC20 管理室 宿舍 宿舍 宿舍 宿舍 宿舍 宿舍 宿舍 宿舍 宿舍 宿舍 管理室
±0.000

Ⓑ KD1 KD1 KD1 KD1 KD1 KD1 KD1 KD1 KD1 KD1 Ⓑ
1800
Ⓐ 阳台 阳台 阳台 阳台 阳台 阳台 阳台 阳台 Ⓐ
200 1800

2XSC40

HYV−T−200(2x0.5) 2SC100 FC 接市话网
预留2S40 FC接宽带数据网
埋地0.8m

100 3600 3600 3600 3600 3600 3600 3600 3600 3600 3600 3600 3600 100

47000

① ② ③ ④ ⑤ ⑥ ⑦ ⑧ ⑨ ⑩ ⑪ ⑫ ⑬ ⑭

一层弱电平面图 1:100

| 图纸编号 | 电施-10 | 工程名称 | 专用宿舍楼 | 图纸名称 | 一层弱电平面图 |

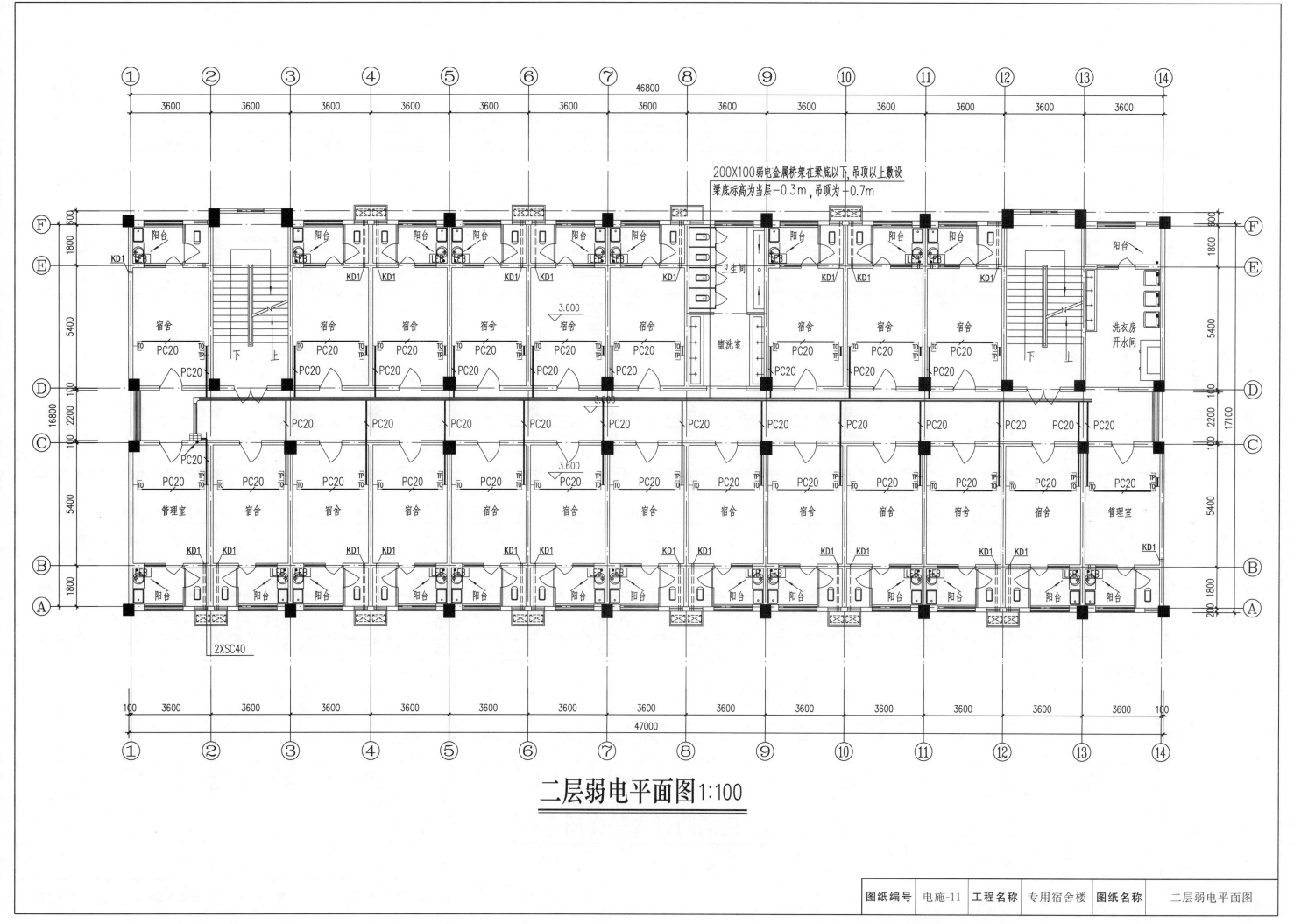

200X100弱电金属桥架在梁底以下,吊顶以上敷设
梁底标高为当层-0.3m,吊顶为-0.7m

二层弱电平面图1:100

| 图纸编号 | 电施-11 | 工程名称 | 专用宿舍楼 | 图纸名称 | 二层弱电平面图 |

— 31 —

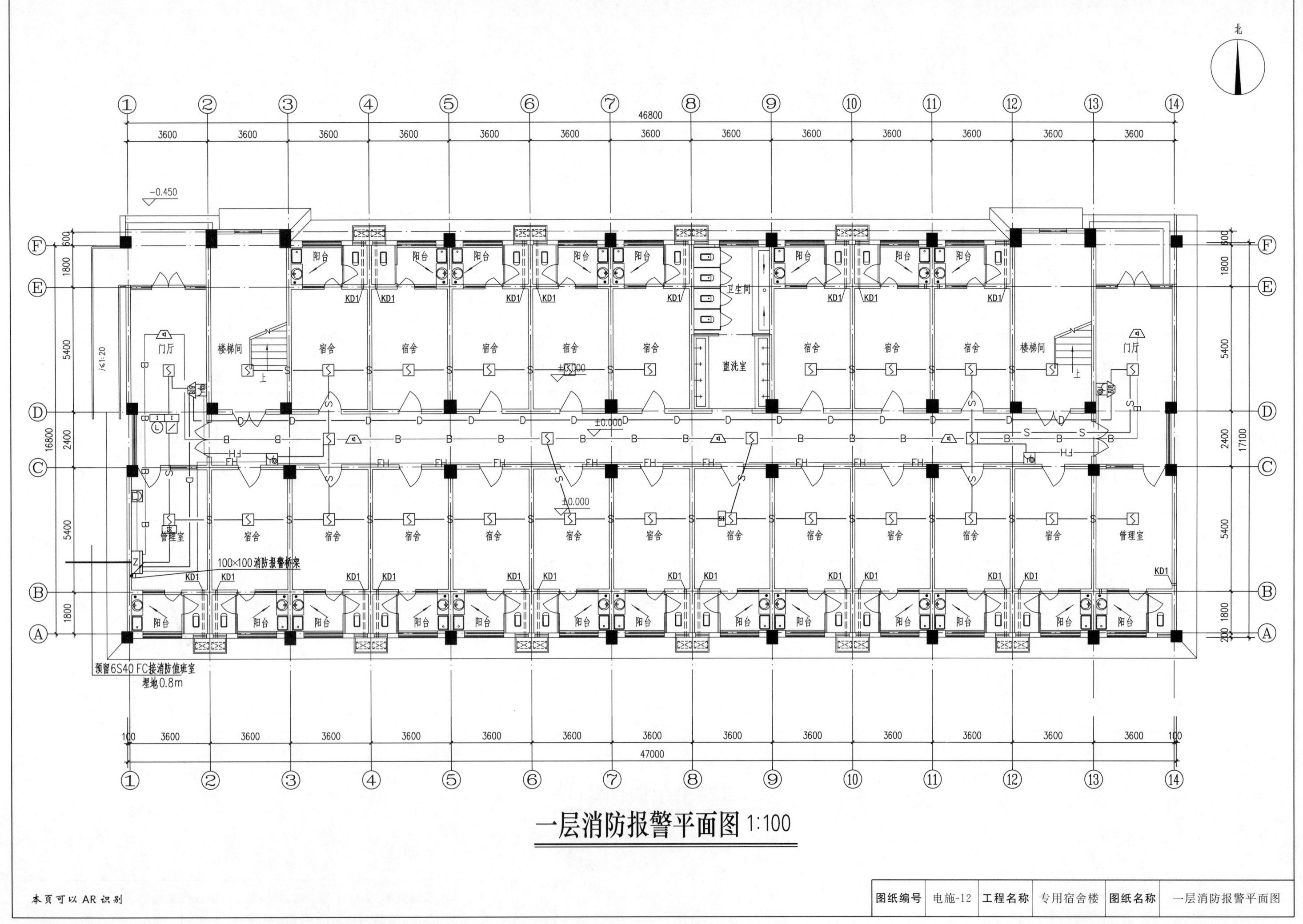

一层消防报警平面图 1:100

| 图纸编号 | 电施-12 | 工程名称 | 专用宿舍楼 | 图纸名称 | 一层消防报警平面图 |

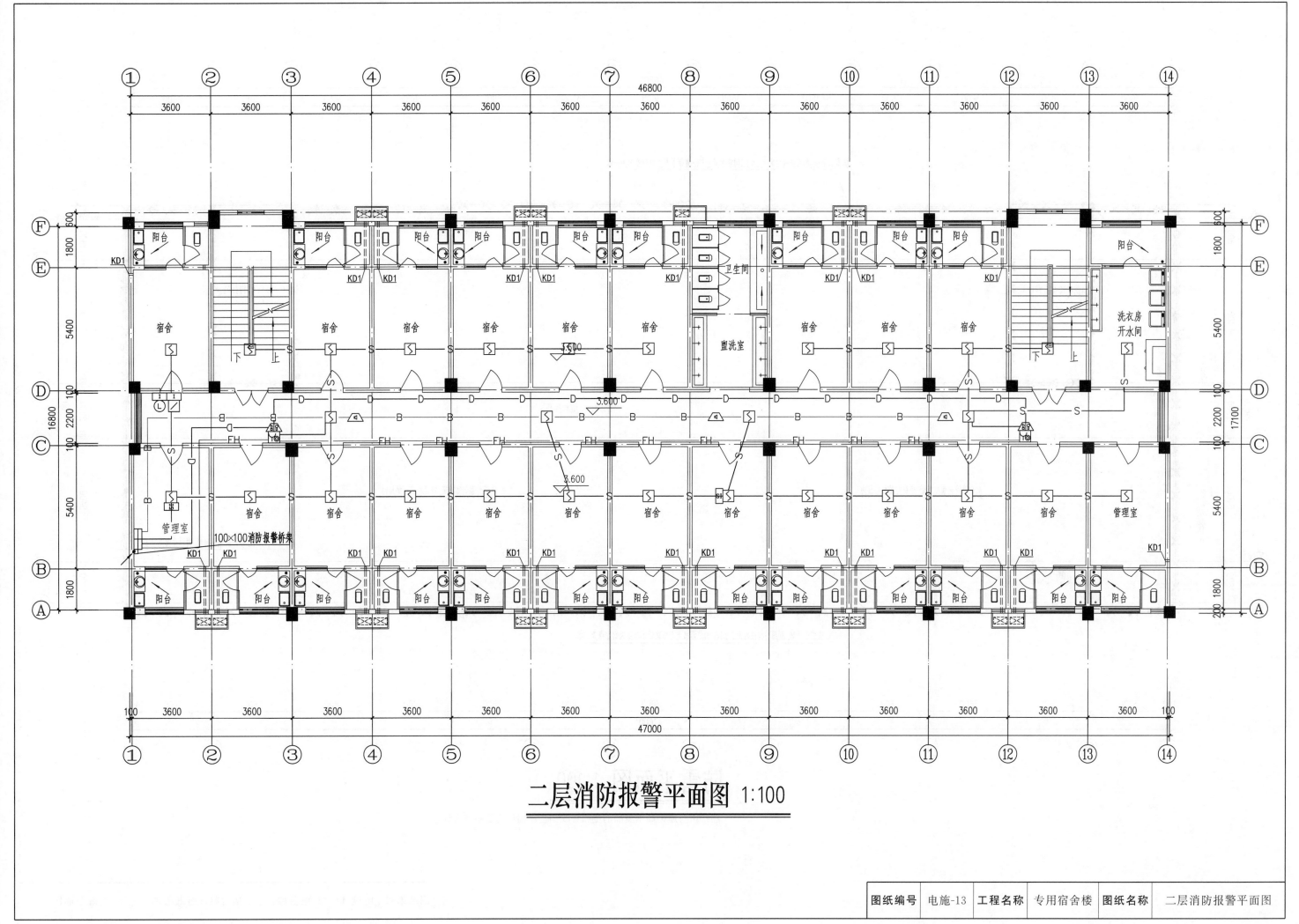

二层消防报警平面图 1:100

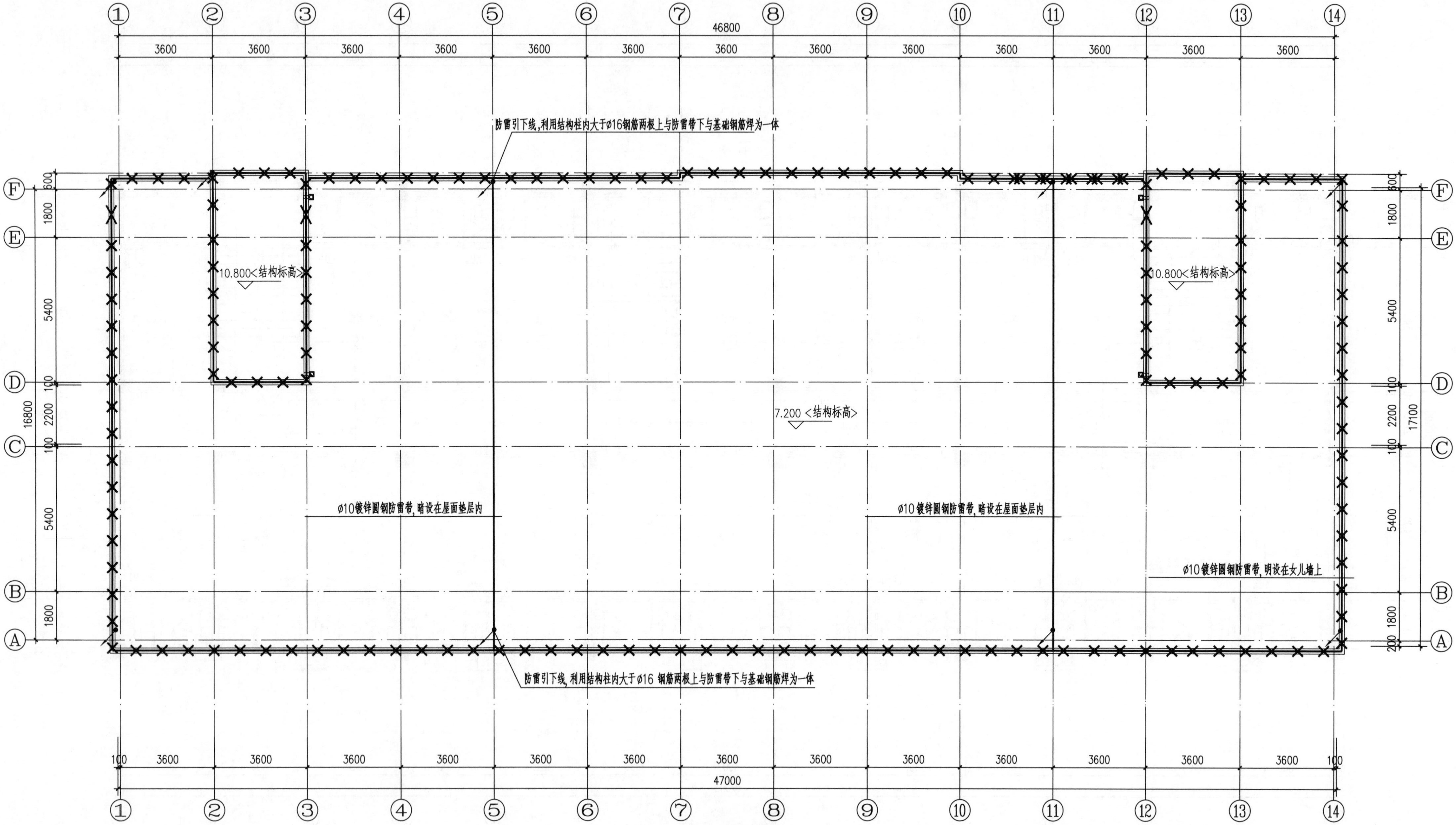

防雷平面图 1:100

防雷引下线,利用结构柱内大于Ø16钢筋两根上与防雷带下与基础钢筋焊为一体

10.800<结构标高>

10.800<结构标高>

7.200 <结构标高>

Ø10镀锌圆钢防雷带,暗设在屋面垫层内

Ø10镀锌圆钢防雷带,暗设在屋面垫层内

Ø10镀锌圆钢防雷带,明设在女儿墙上

防雷引下线,利用结构柱内大于Ø16 钢筋两根上与防雷带下与基础钢筋焊为一体

注：所有屋顶高出屋面的金属管线和金属构件均于避雷带焊接。

| 图纸编号 | 电施-14 | 工程名称 | 专用宿舍楼 | 图纸名称 | 防雷平面图 |

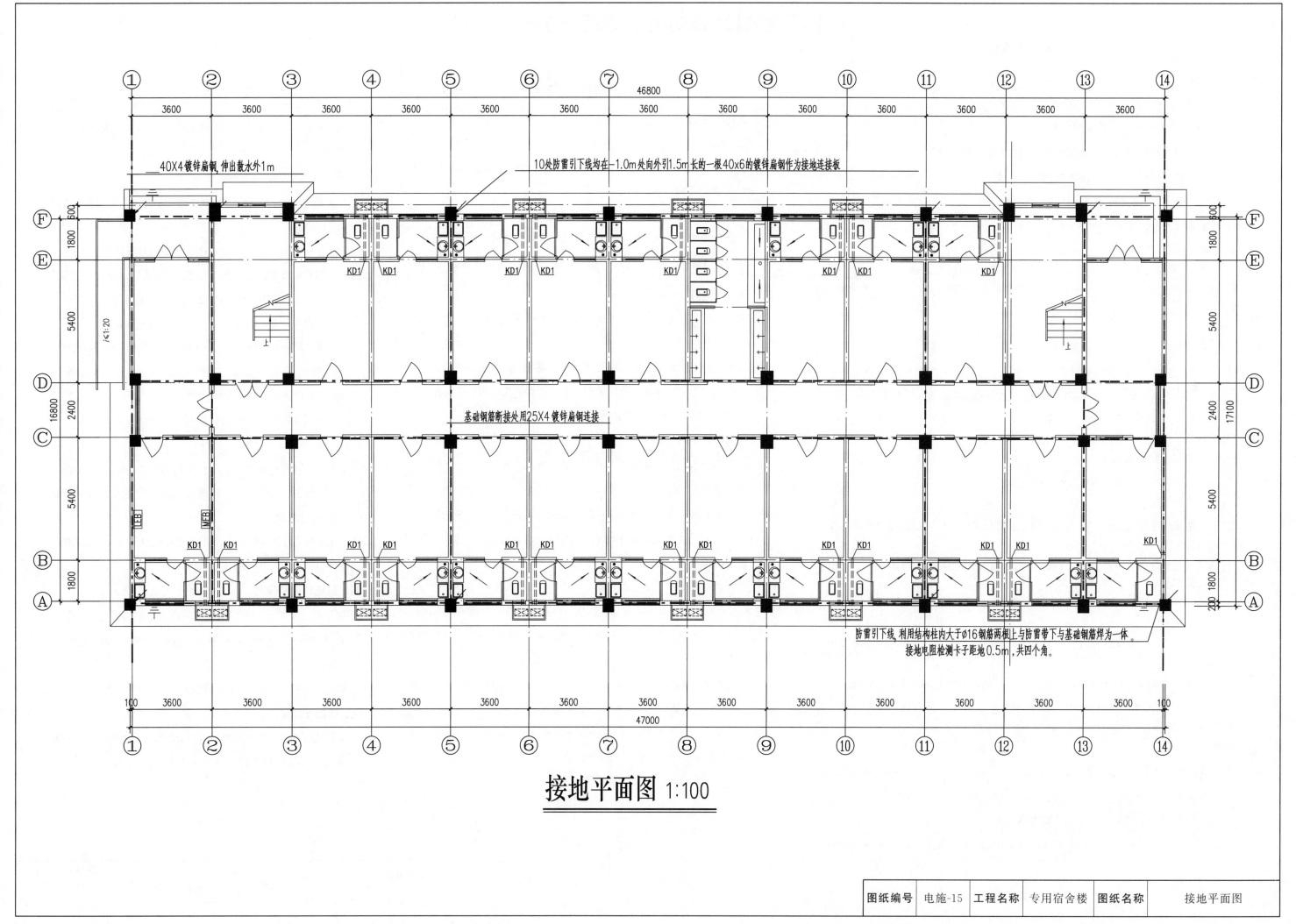

接地平面图 1:100

员工宿舍楼给排水设计说明(一)

设计说明

一、设计依据

1. 建设单位提供的本工程有关资料和设计任务书。

2. 建筑和有关工种提供的作业图和有关资料。

《建筑给水排水设计规范》[GB 50015—2003(2009年版)]

《建筑灭火器配置设计规范》(GB 50140—2005)

《民用建筑节水设计标准》(GB 50555—2010)

《城镇给水排水技术规范》(GB 50788—2012)

二、设计概况及设计范围

本工程位于北京市海淀区，框架结构，建筑高度16.2m，地上3层。

按多层建筑进行消防设计，本项工程设计包括建筑以内的给水、排水、喷淋管道系统。

三、管道系统

1. 生活给水系统

(1) 给水管道供水压力为0.25MPa。

(2) 最高日冷水用水量为10.8m³/d，最大时用水量为1.13m³/h，热水设计小时耗热量为71kW。

(3) 给水系统分区：由基地给水管道直接供水。

(4) 给水管暗设在墙槽内。

2. 生活污水系统：最高日排水量为9.72m³/d。

(1) 本楼污废水采用合流制。

(2) 污、废水经化粪池处理后排入院内污水管网化粪池，位置由总图专业另行设计。

3. 自动喷淋系统

(1) 本建筑灭火等级为中危险级（Ⅰ级），设计喷水强度为：6L/(min·m²)，作用面积为160m²。

(2) 喷头安装：实验室内的喷头采用吊顶型喷头。喷头接管直径均为DN25与配水管相接的管道直径为DN25。

(3) 喷头动作温度：68℃；喷头的安装应严格执行04S206《自动喷水与水喷雾灭火设施安装》。

(4) 除吊顶型喷头及吊顶下安装的喷头外，直立型、下垂型标准喷头，其溅水盘与顶板距离，不应小于75mm，不应大于150mm。其余特殊情况详见《自动喷水灭火系统设计规范》[GB 50084—2001(2005年版)]7.1.3条规定。

四、节能

卫生器具和配件应符合现行行业标准《节水型生活用水器具》CJ 164的有关要求：

(1) 卫生器具及其五金配件应选用建设部认可的低噪声节水型产品。

(2) 给水管采用节能型管材，采用节能型水龙头。

(3) 给水系统采用竖向分区方式控制最不利处用水器具处的静水压不超过0.35MPa。

施工说明

一、管材和接口

1. 生活给水

给水管采用铝塑复合管，工作压力1.6MPa，管件连接。热水管采用PP-R管S4系列，热熔连接。

2. 排水管道：污水管采用PVC-U，承插连接。

3. 自动喷淋系统管道：自动喷淋系统选用管材为内外壁热镀锌钢管，沟槽式卡箍接头连接；喷头与管道连接采用锥管螺纹连接。

二、阀门及附件

1. 阀门：给水管采用铜（不锈钢）闸阀，工作压力1.0MPa。

2. 附件

(1) 地漏采用直通式地漏，下排水接管，地漏下均安装存水弯，存水弯水封高度不小50mm。严禁采用钟罩（扣碗）式地漏。洗衣机地漏采用专用地漏。地漏箅子表面应低于该处5 10mm。

(2) 清扫口表面与地面平。

(3) 全部给水配件均采用节水型产品，不得采用淘汰产品。

三、卫生洁具

(1) 本工程所用卫生洁具均采用陶瓷制品，颜色及型号由业主确定。

(2) 卫生器具及其五金配件应选用建设部认可的低噪声节水型产品。

四、管道敷设

1. 卫生间内给水管暗设在墙槽内。

2. 给水立管穿楼板时，应设套管，套管内径应比管道大两号，下面与楼板下平，上面比楼板面高50mm，管间隙用阻燃密实材料和防水油膏填实。

3. 排水立管穿楼板时，应预留孔洞，管道安装后将孔洞严密捣实立管周围应高出楼板设计标高10~20阻水圈。

4. 管道穿钢筋混凝土墙，梁和楼板时，应根据图中所注管道标高。位置配合土建工种预留孔洞或预埋套管。

5. 管道坡度

(1) 排水干管管道坡度De100/De110，i=1‰；De160，i=0.7‰。

塑料排水支管坡度均为0.026。

(2) 给水管、消防管均按0.002的坡度坡向立管或泄水装置。

6. 管道支架

(1) 管道支架或管卡应固定在楼板上或承重结构上。

(2) 钢管水平安装支架间距按《建筑给水排水及采暖工程施工质量验收规范》(GB 50242—2002)规定施工。

(3) 立管每层装一管卡，安装高度为距地面1.5m。

(4) 排水管上的吊钩或卡箍应固定在承重结构上，固定件间距：横管不得大于2m，立管不得大于3m。层高小于等于4m，立管中部可安一个固定件。

(5) 排水立管检查口距地面或楼板面1m。

7. 管道连接

(1) 污水横管与横管的连接，不得采用正三通和正四通。

(2) 排水立管与排出横管连接采用两个45°弯头，且立管底部弯管处应设支墩。

(3) 排水立管偏置时，应采用乙字管或245°弯头，排水横管水流转角小于135°必须设置清扫口。

五、管道和设备保温

1. 埋地热水及给水管道保温材料采用聚氨酯现场发泡，保温厚度40mm。室内保温材料采用橡塑，热水管道保温厚度25mm。

2. 保温应在完成试压合格及除锈防腐处理后进行。

六、防腐及油漆

1. 在涂刷底漆前，应清除表面的灰尘、污垢、锈斑、焊渣等物。

2. 管道支架除锈后刷樟丹两道，灰色调和漆两道。

建设单位	×××公司	图名	给排水设计说明（一）	图幅	A3
工程名称	员工宿舍楼			图号	水施-01
				比例	1：100

给排水设计说明(二)

七、管道试压（各种管道根据系统进行水压试验）

1. 给水管应以1.5倍的工作压力，给水管不小于0.9MPa的试验压力作水压试验，热水管应以2.0倍的工作压力，热水管不小于1.2MPa的试验压力作水压试验，试压方法按《建筑给水排水及采暖工程施工质量验收规范》(GB 50242—2002)的规定施工。

2. 生活污水管注水高度高于底层卫生器具上边缘，满水15min水面下降后，再灌满观察5min，液面不下降、管道及接口无渗漏为合格，污水立管及横干管还应按《建筑给水排水及采暖工程施工质量验收规范》做通球试验。

3. 自动喷淋系统在安装喷头前应将管道冲洗干净，安装完毕后作水压试验，试验压力为1.4MPa，在10min内压力降不大于0.05MPa，不渗漏为合格。自动喷淋系统均设0.002的坡度，坡向泄水处。

4. 水压试验的试验压力表应位于系统或试验部分的最低部位。

八、管道冲洗

1. 给水管道在系统运行前必须进行冲洗要求以不小于1.5m/s的流速进行冲洗《建筑给水排水及采暖工程施工质量验收规范》(GB 50242—2002)。

2. 排水管道冲洗以管道畅通为合格。

九、其他

1. 图中所注尺寸除管长、标高以m计外，其余以mm计。

2. 本图所注管道标高：给水、消防、压力排水管等压力管指管中心；污水、废水、雨水、溢水、泄水管等重力流管道和无水流的通气管指管内底。

3. 本设计施工说明与图纸具有同等效力，二者有矛盾时，业主及施工单位应及时提出，并以设计单位解释为准。

4. 施工中应与土建公司和其他专业公司密切合作，合理安排施工进度，及时预留孔洞及预埋套管，以防碰撞和返工。

5. 除本设计说明外，施工中还应遵守以下规范：
《建筑给水排水及采暖工程施工及质量验收规范》(GB 50242—2002)；
《给水排水构筑物施工及验收规范》(GB 50141—2008)；
《湿陷性黄土地区建筑规范》(GB 50025—2004)。

管道图例

图例	名称	图例	名称
——————	低区生活给水管	○ WL	污水立管
——————	生活污废水管	∫ ∟	存水弯
—RJ—	生活热水管	↑	通气帽
—RH—	生活热水回水管	⊐	自动排气阀
—ZP—	喷淋管道	* —— *	固定支架
○ JL	给水立管		

图纸目录

序号	图别	图号	图纸名称	图幅	备注
01	水施	01	给排水设计说明（一）	A3	
02	水施	02	给排水设计说明（二）	A3	
03	水施	03	主要设备材料表	A3	
04	水施	04	排水系统图	A3	
05	水施	05	给水系统图	A3	
06	水施	06	热水系统图	A3	
07	水施	07	一层给排水平面图	A3	
08	水施	08	二层给排水平面图	A3	
09	水施	09	三层给排水平面图	A3	
10	水施	10	卫生间给排水大样图	A3	
11	水施	11	一层喷淋平面图	A3	
12	水施	12	二层喷淋平面图	A3	
13	水施	13	三层喷淋平面图	A3	
14	水施	14	喷淋系统图	A3	

建设单位	×××公司	图名	给排水设计说明（二）	图幅	A3
工程名称	员工宿舍楼			图号	水施-02
				比例	1：100

主要设备材料表

图 例	名 称	材 质	安 装 方 式
⊘ Y	地漏	不锈钢	地面安装
◉ ⊤	清扫口	不锈钢	地面安装
⊙	台式洗脸盆	陶瓷	底距地0.8m
⊖	坐式大便器	陶瓷	底距地0.38m
⊂⊃	蹲式大便器	陶瓷	底距地0.38m
▷	立式小便斗	陶瓷	底距地0.6m
▣	拖布池	陶瓷	底距地0.1m
⌁	淋浴器	不锈钢	底距地1.2m
⎯⋀⎯	止回阀		管件安装
⎯▆⎯	减压阀		管件安装
⎯⋈⎯	闸阀		管件安装
⊢•	水龙头	不锈钢	管件安装
⋈ ⊢	截止阀		
⊩	立管检查口		
○ ⋎	吊顶型喷头		
⋈	信号蝶阀		
Ⓛ	水流指示器		
⊚	末端试水装置		

建设单位	×××公司	图名	主要设备材料表	图幅	A3
工程名称	员工宿舍楼			图号	水施-03
				比例	1：100

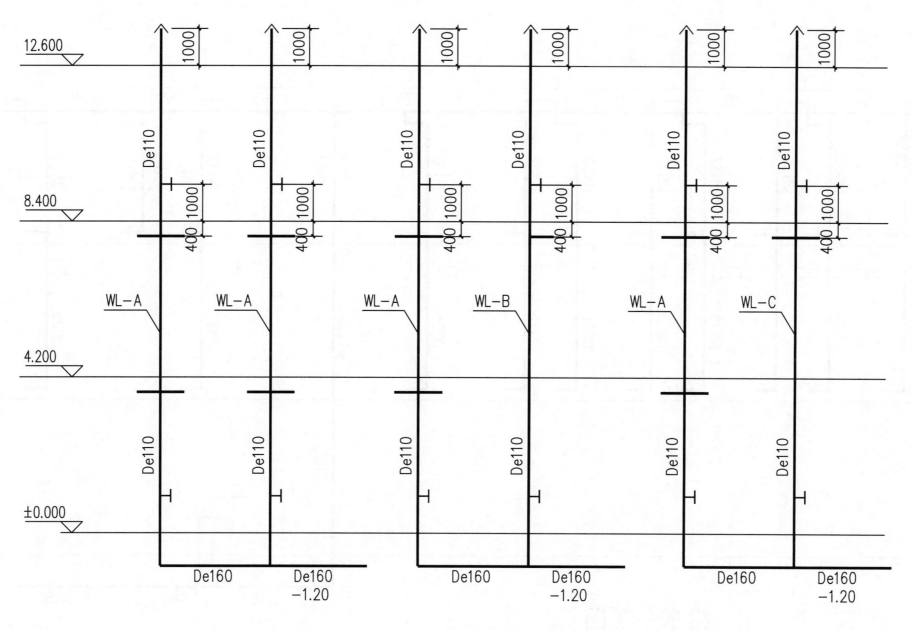

排水系统图

建设单位	×××公司	图名	排水系统图	图幅	A3
工程名称	员工宿舍楼			图号	水施-04
				比例	1：100

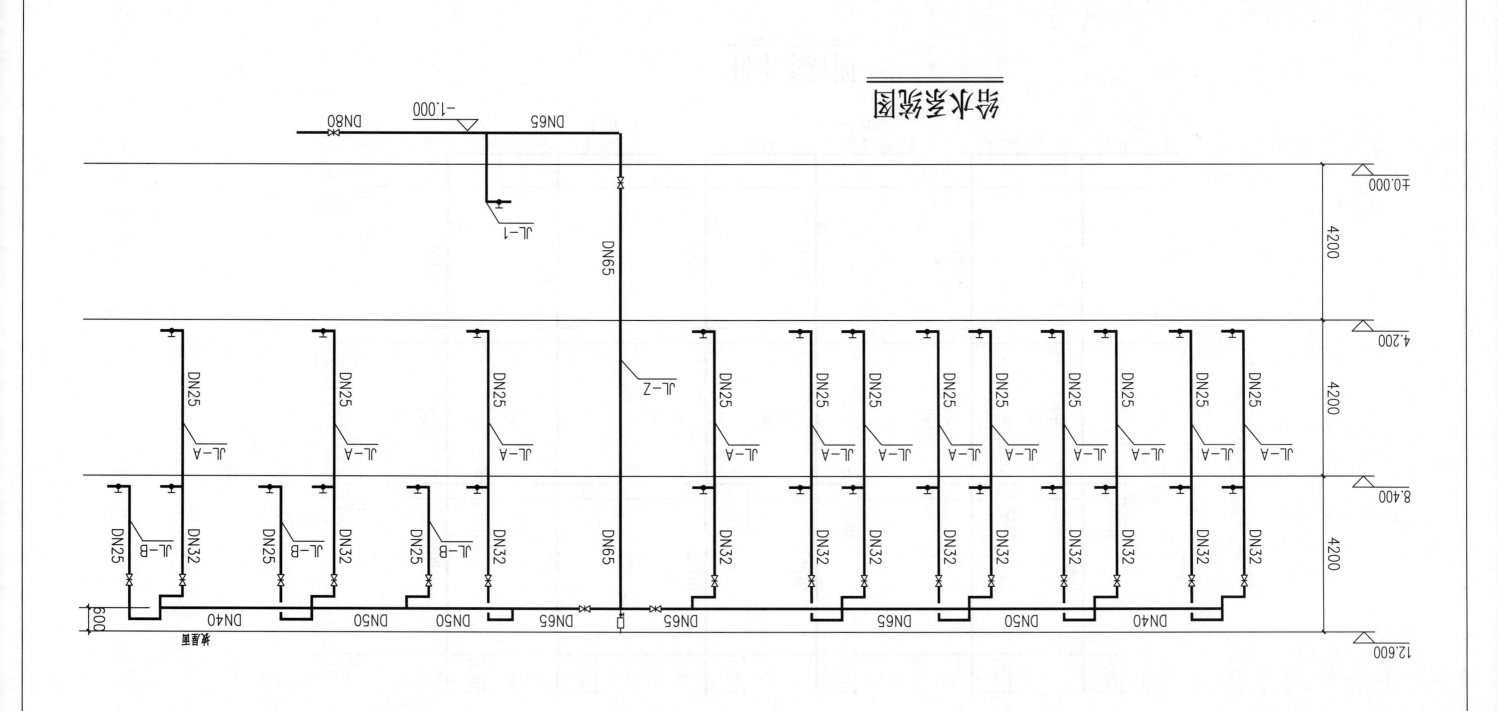

给水系统图

建设单位	×××公司	图名	给水系统图	图幅	A3	比例	1:100
工程名称	员工宿舍楼			图号	水施-05		

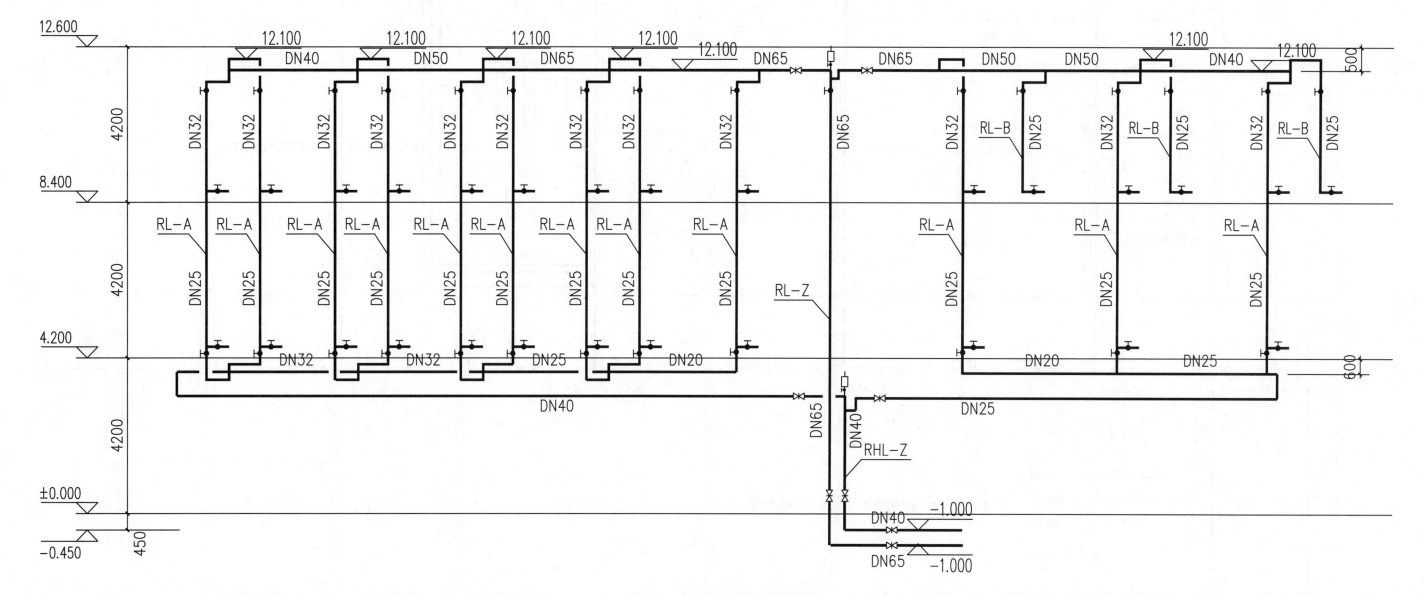

热水系统图

建设单位	×××公司	图名	热水系统图	图幅	A3
工程名称	员工宿舍楼			图号	水施-06
				比例	1：100

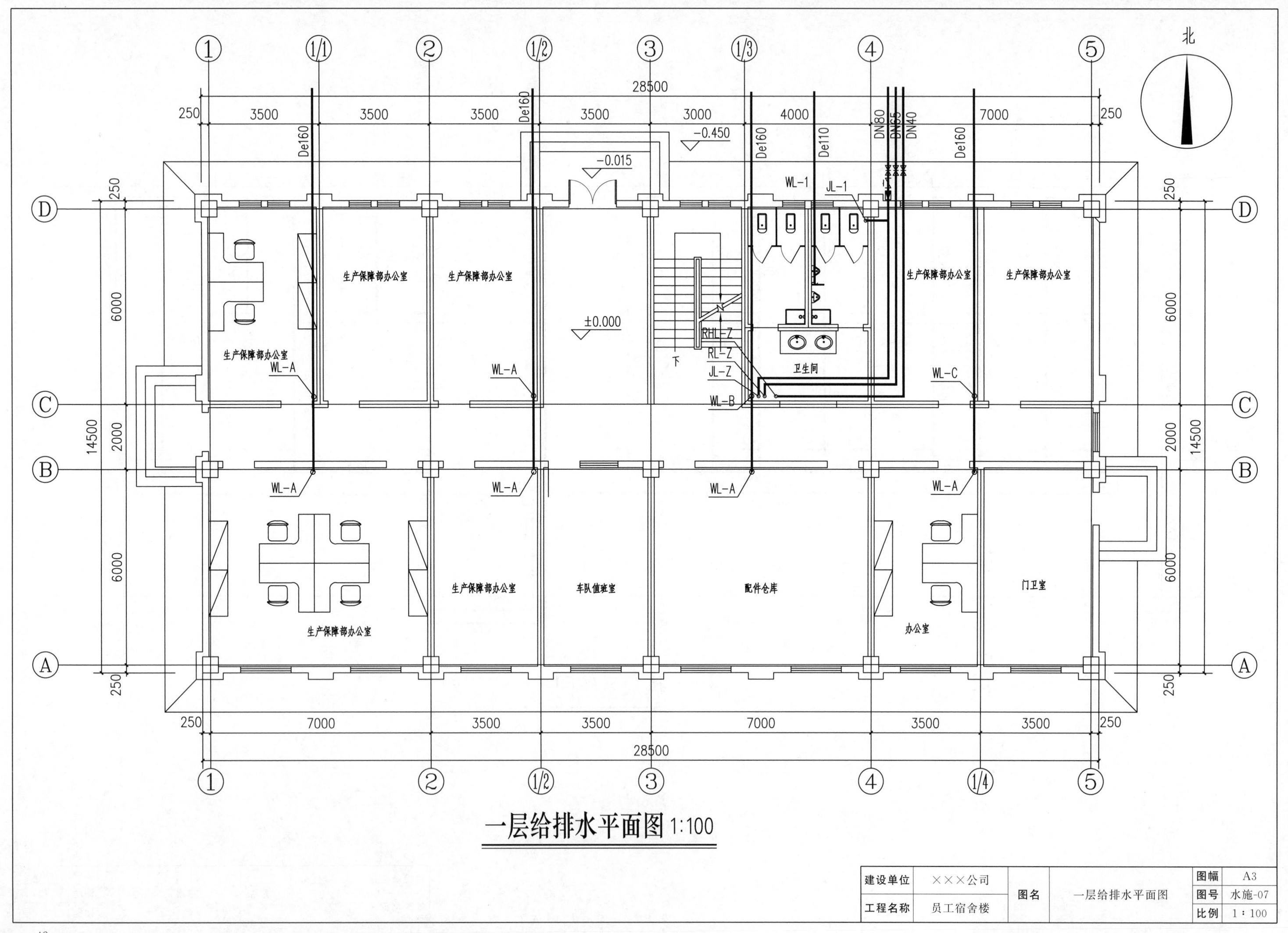

一层给排水平面图 1:100

建设单位	×××公司	图名	一层给排水平面图	图幅	A3
				图号	水施-07
工程名称	员工宿舍楼			比例	1:100

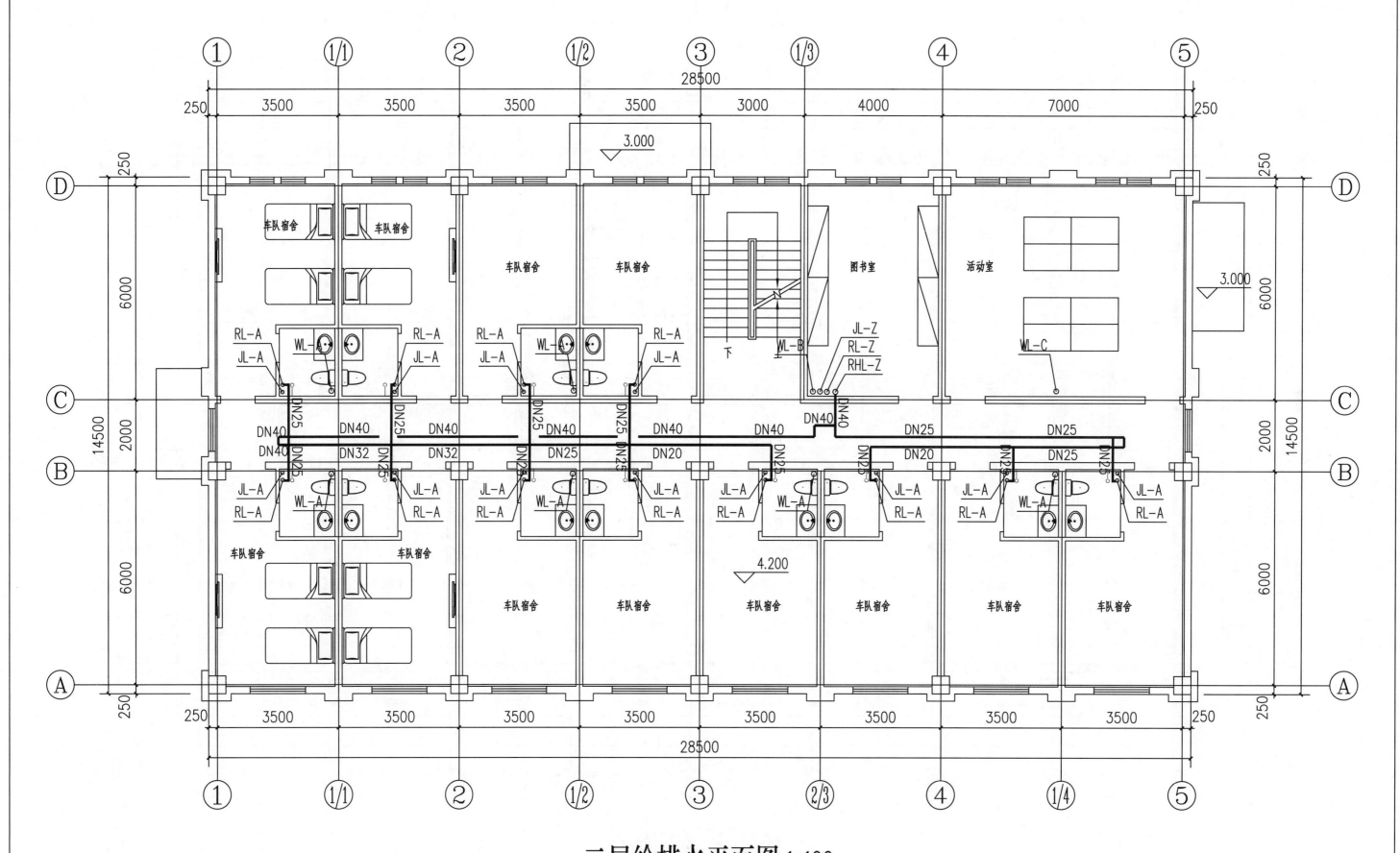

二层给排水平面图 1:100

建设单位	×××公司	图名	二层给排水平面图	图幅	A3
				图号	水施-08
工程名称	员工宿舍楼			比例	1：100

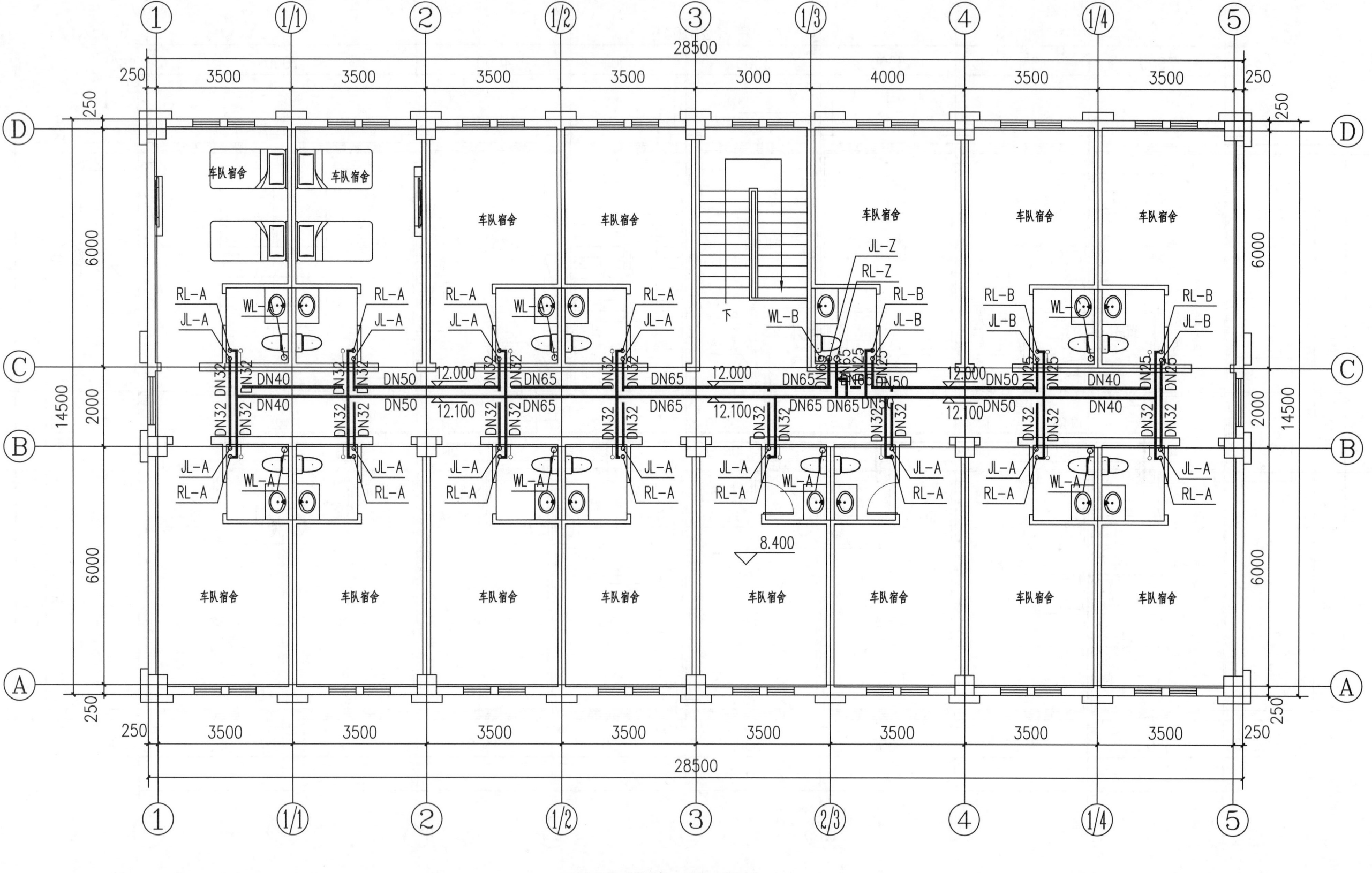

三层给排水平面图 1:100

建设单位	×××公司	图名	三层给排水平面图	图幅	A3
工程名称	员工宿舍楼			图号	水施-09
				比例	1：100

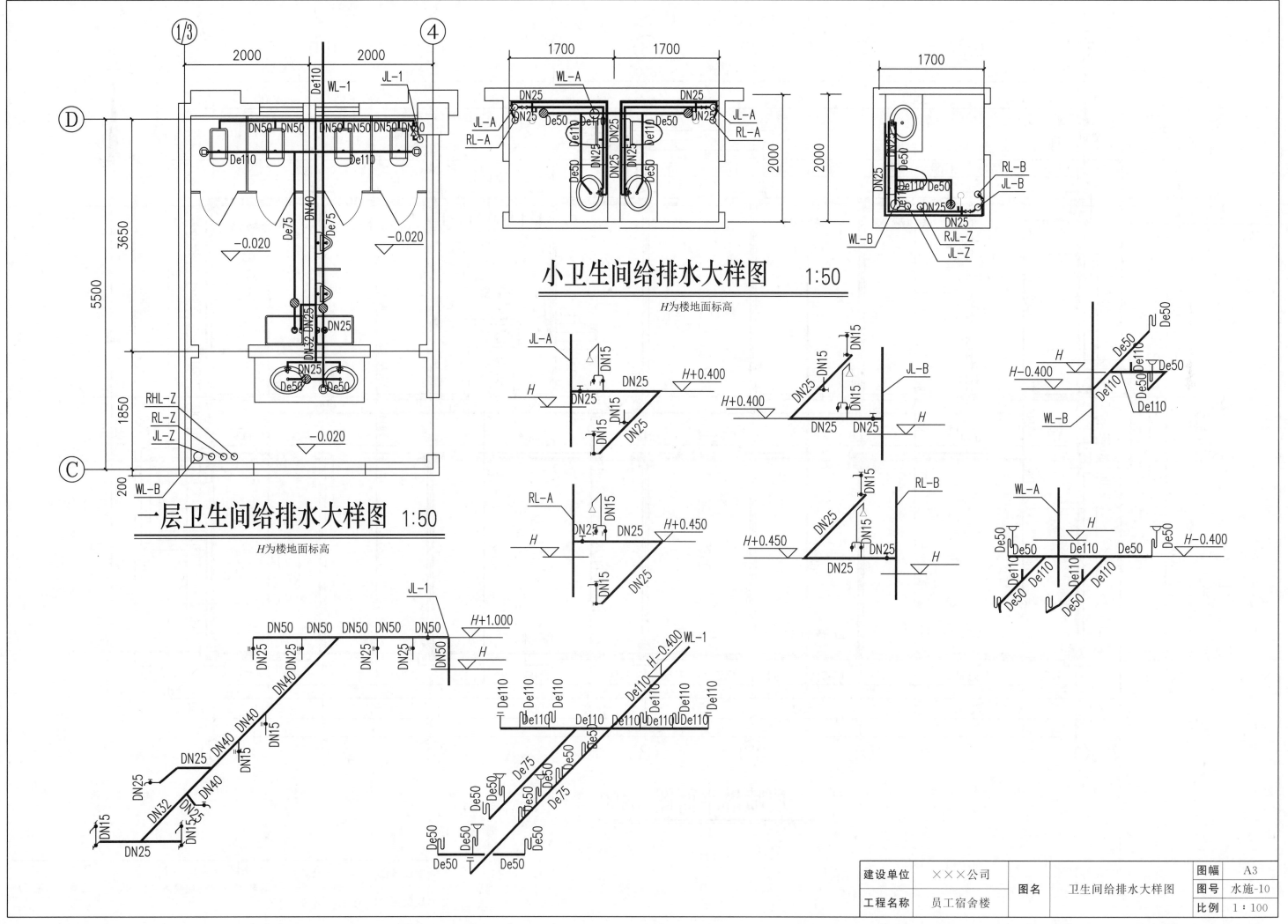

一层卫生间给排水大样图 1:50

H为楼地面标高

小卫生间给排水大样图 1:50

H为楼地面标高

建设单位	×××公司	图名	卫生间给排水大样图	图幅	A3
工程名称	员工宿舍楼			图号	水施-10
				比例	1：100

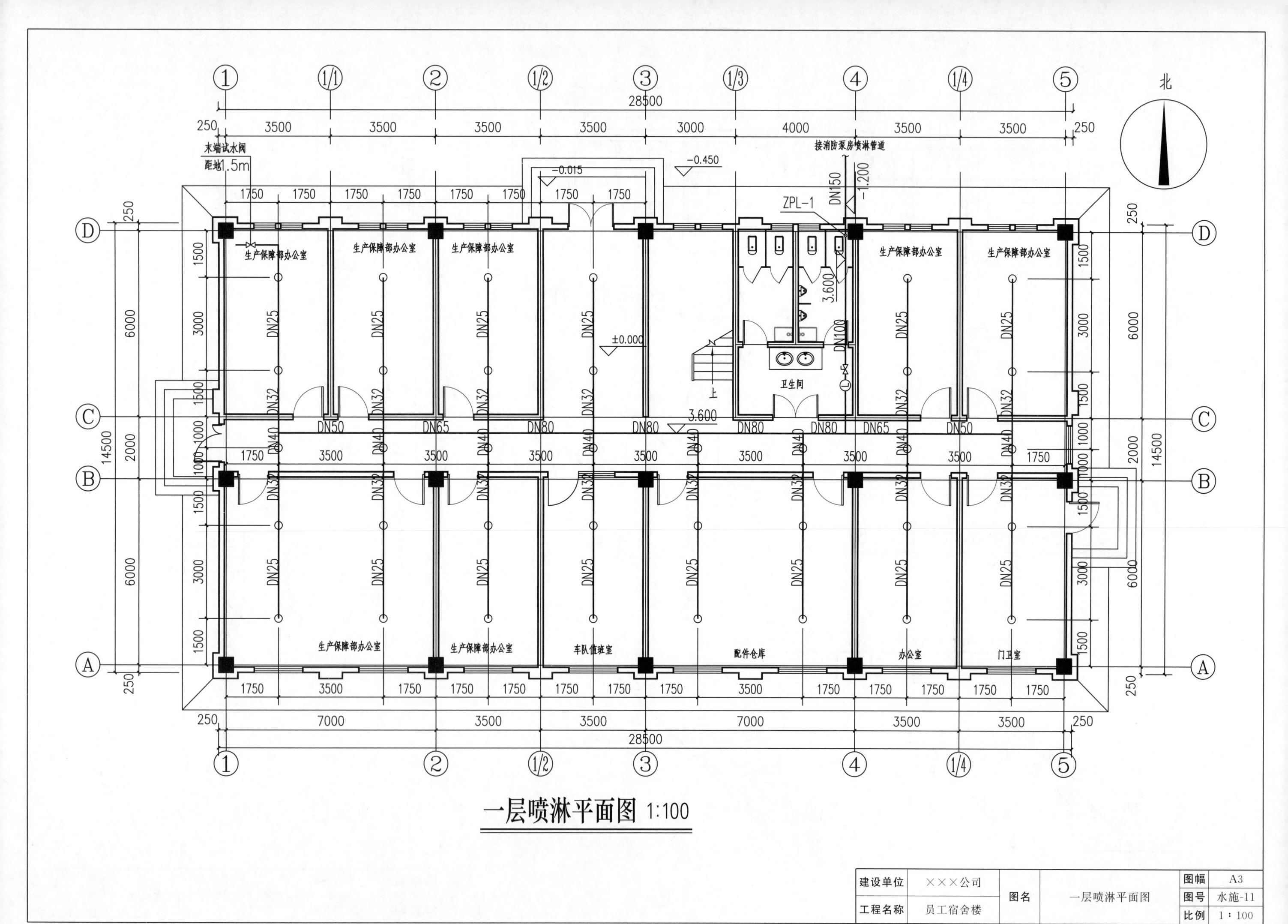

一层喷淋平面图 1:100

建设单位	×××公司	图名	一层喷淋平面图	图幅	A3
				图号	水施-11
工程名称	员工宿舍楼			比例	1:100

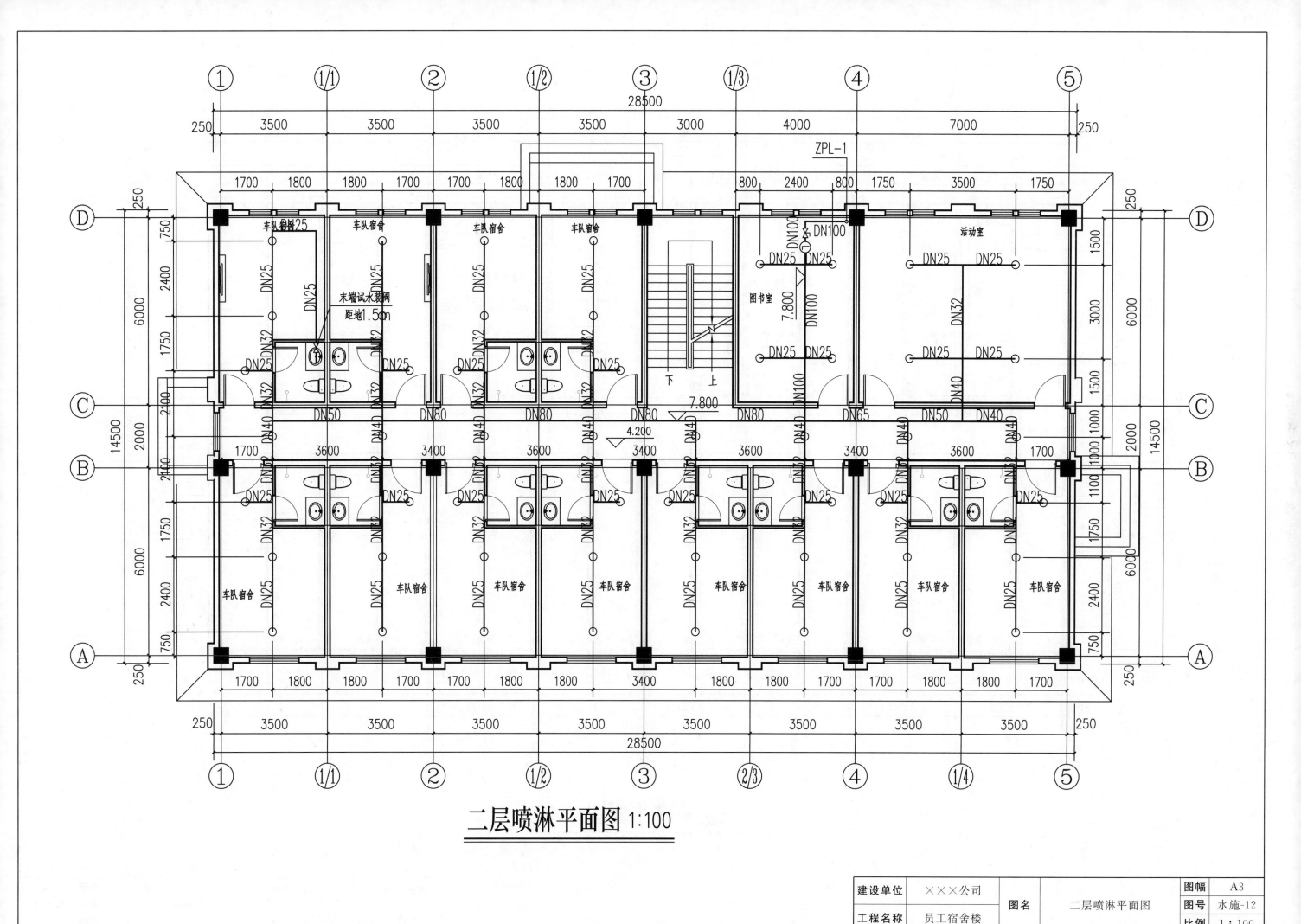

二层喷淋平面图 1:100

建设单位	×××公司	图名	二层喷淋平面图	图幅	A3
				图号	水施-12
工程名称	员工宿舍楼			比例	1:100

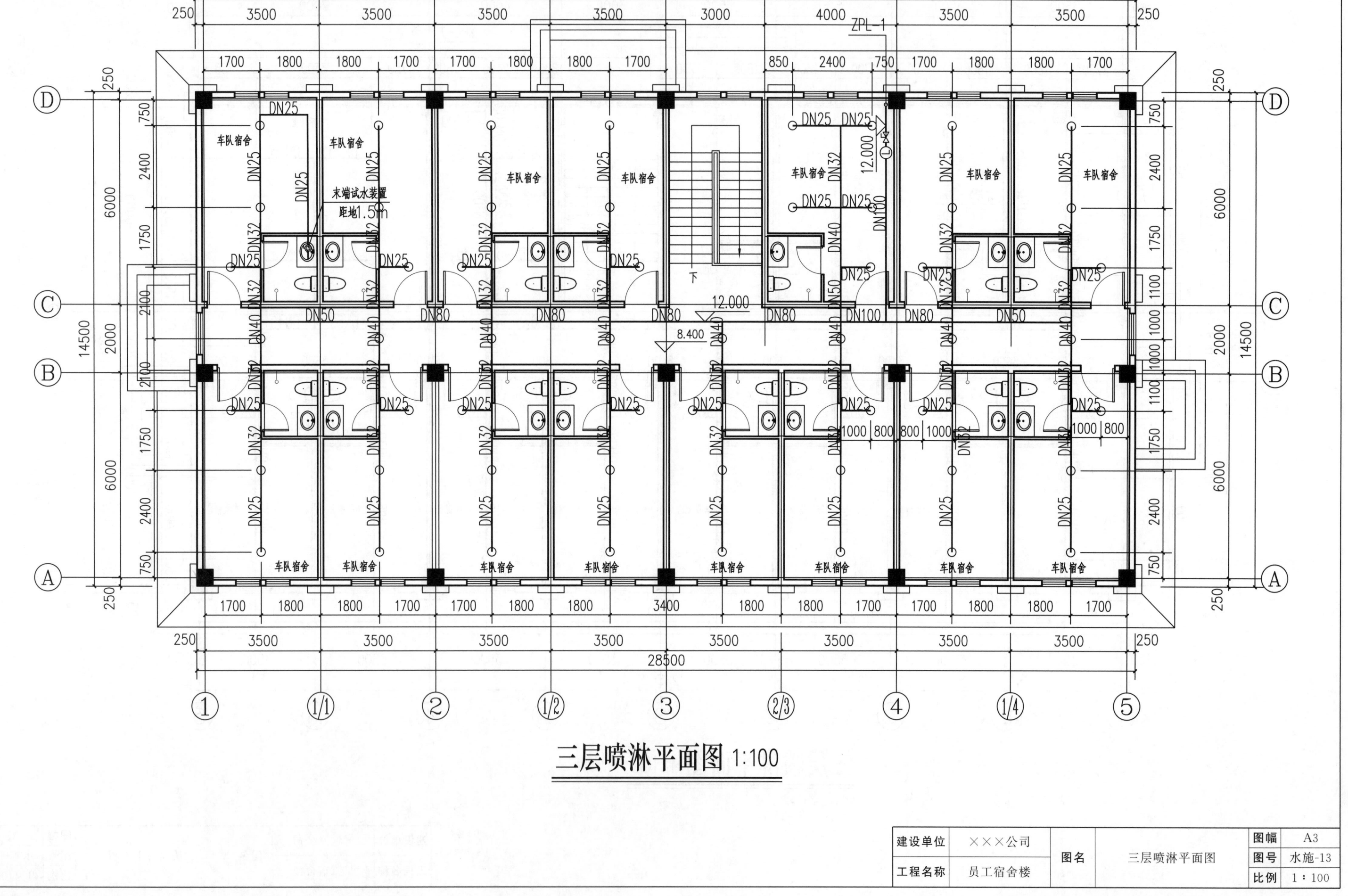

三层喷淋平面图 1:100

建设单位	×××公司			图幅	A3
		图名	三层喷淋平面图	图号	水施-13
工程名称	员工宿舍楼			比例	1：100

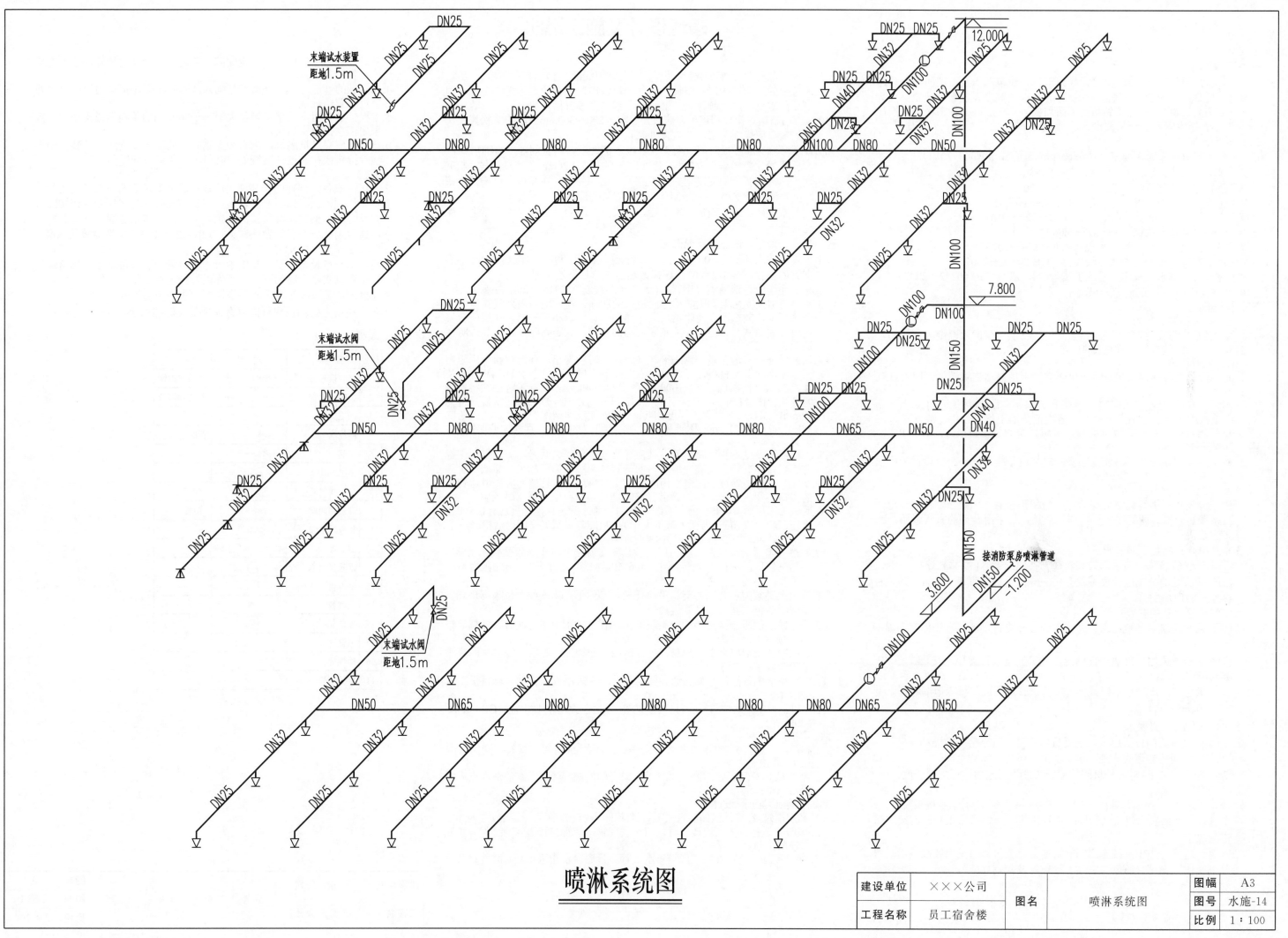

喷淋系统图

建设单位	×××公司			图幅	A3
		图名	喷淋系统图	图号	水施-14
工程名称	员工宿舍楼			比例	1:100

暖通设计及施工说明

一、工程概况

本工程为员工宿舍楼（不可指导施工），建筑面积及占地面积：总建筑面积1239.75m²，基底面积413.25m²，建筑高度及层数：建筑高度为16.17m（按自然地坪计到结构屋面顶板），三层办公住宿楼。本设计内容包括供暖和空调相关设计。

二、设计依据

1. 《民用建筑供暖通风与空气调节设计规范》（GB 50736—2012）
2. 《建筑设计防火规范》（GB 50016—2014）
3. 《公共建筑节能设计标准》（GB 50189—2015）
4. 《建筑机电工程抗震设计规范》（GB 50981—2014）
5. 《12系列建筑标准设计图集》（DBJ 03—22—2014）
6. 《供热计量技术规程》（JBJ 173—2009）
7. 《多联机空调系统工程技术规程》（JGJ 174—2010）
8. 《建筑节能工程施工质量验收规范》（GB 50411—2007）
9. 《建筑给水排水及采暖工程施工质量验收规范》（GB 50242—2002）
10. 甲方设计任务书及建筑设计图纸

三、供暖部分

（一）供暖热源及热力入口
1. 本工程采暖热源接室外预留供热管网，二次侧供回水温度为55～70℃。
2. 本工程入口装置做法详见12N1-13。

（二）采暖系统
1. 本工程采用散热器采暖系统，供暖立管采用共用立管下供下回垂直双立管系统。
2. 本工程选用内腔无砂铸铁760散热器(ZT4-6-6)，散热量为94W/片。图中直接用数字表示散热器片数，各组散热器上均设置手动放气阀。
3. 供暖热负荷：热负荷为74.4kW，采暖系统的总阻力损失为31.3kPa。

四、空调部分

1. 本工程空调系统采用直流变频多联式空调系统，室外冷机设置于屋顶上，总冷负荷为131.2kW。
2. 冷媒配管的安装
固定金属件周围经隔热处理后与冷媒配管接触，严禁冷媒管与固定件直接接触。冷媒配管采用钎焊作业连接，应采用合理的氮气置换、冷却方法进行加工。
3. 室外机连接组件安装要求
(1)水平安装接头，与顶部的夹角在±15°以内，不要垂直连接。
(2)至接头处的分支配管要确保有500mm以上的平直段，并且不应弯曲该部分的现场配管。
4. 空气冷凝水管的安装
(1)必须与建筑中其他污水管、排水管分开设置，冷凝水管标高为梁下设置。
(2)冷凝水管采用内外热镀锌钢管，各机型排水管管径、安装坡度0.01坡向泄水点。镀锌钢管应按一定间距设置支（吊）架。冷凝水管就近接入卫生间，冷凝水不得直接连接排水管道，应与排水地漏等排水设施有10cm空气间隔。
5. 室外机位置设置要求
(1)室外机设置的位置应足以承受机组重量，且不会导致振动处。
(2)室外机四周应留有合理、足够的通风条件及检修空间。
(3)在任何条件下室内/外机间的配管长度不得超出许可配管长度。
6. 系统安装工序
冷媒管施工→保温作业(除连接口部分)→空气密封测试(按系统分三个阶段按产品要求对气液管同时进行试压，合格后保压)→连接口部进行保温。
7. 冷媒管道采用VRV系统专用铜制管道，风系统管道采用镀锌钢板制作，厚度及作法详见《通风与空调工程施工及验收规范》。

8. 风管保温材料为难燃B级橡塑保温，厚度10mm，作法详见12N9-1-76。
9. 风管上的可拆卸接口不得设在墙体或楼板内，风管的支吊托架必须牢固可靠，避免在法兰测量孔调节阀等零部件处设置吊托架。
10. 风管与机组进出口相连处，应设置长度为200～300mm节能伸缩软管，软接的接口应牢固严密，在软接处禁止变径。
11. 管道穿墙身和楼板时应设套管且保温不能间断，套管间隙用岩棉填充，套管直径比管道直径大2号，套管顶部高出地面20mm套管底部与楼板底面平。冷媒管道的支吊架必须设置在保温层的外部，在穿过吊架处应镶以垫木，管道支吊架在表面除锈后须刷防锈漆两道。
12. 空调系统待建设方确定厂家以后，可根据产品的具体要求由厂家进行深化设计。

五、管道、管材、试压及保温做法

1. 采暖供回水管均设0.003的坡度，供水逆坡回水顺坡。与散热器相连接的支管的坡度不得小于0.01，连接散热器支管均做乙字弯。
2. 采暖系统管材选用镀锌钢管，DN≤50螺纹连接，DN>50法兰连接。
3. 明装管道及支吊架均刷防锈漆两道，调和漆两道，地沟内采暖管道刷防锈漆两道，散热器表面除锈后刷防锈漆一道、调和漆一道。油漆前应将管道表面的铁锈、污物、毛刺和内部的沙粒、铁芯等除净，刷红丹防锈漆两道。
4. 保温做法：管道穿过非供暖区域（地沟）时应保温，保温材料采用阻燃聚氨酯泡沫保温材料，保温材料性能如下：导热系数小于0.034W/(m·K)，难燃B1级、湿阻因子 μ >10000，密度40～80kg/m³。施工时必须将所有的缝隙密闭。DN≤40，保温厚度为20mm，DN50～DN200，保温厚度为30mm，DN>250，保温厚度为40mm。外加玻璃钢保护壳，做法详见12N9-1-69。楼梯间外门附近采暖管道保温厚度为30mm，且外加玻璃钢保护壳。
5. 管道穿墙及穿板处均预埋钢套管，其内径比管道外径大两号，套管采用国标普通焊接钢套管，安装在墙壁内的套管其两端与饰面相平。穿墙（含防火墙）套管与管道之间缝隙用阻燃密实材料填实，且端面应光滑。管道的接口不得设在套管内，管道穿墙时套管必须在土建施工时预留。
6. 系统工作压力≤0.45MPa，系统安装完毕后，管道保温之前应作0.6MPa水压试验，在10min内压力降不大于0.02MPa，降至工作压力后检查，不渗不漏，同时各连接处不渗不漏为合格。
7. 散热器组对后，以及整组出厂的散热器在安装前应作水压试验。试验压力为工作压力的1.5倍，但不小于0.6MPa。试验时间为2～3min压力不降且不渗、不漏为合格。
8. 管道上必须配备必要的支、吊、托架，具体形式由安装单位根据现场具体情况确定，其表参见图集12S10。
9. 采暖系统试压合格后要进行系统冲洗，直至排水中不含泥砂、铁屑等杂物，颜色不浑浊为合格。
10. 系统冲洗完毕应充水、加热，进行试用行和调试，观察、测量室温应满足设计要求。
11. 采暖系统中各管件（如三通、四通等）均需采用成品管件，严禁手工焊接制作。
12. 除以上说明外均按《建筑给水排水及采暖工程施工质量验收规范》(GB 50242—2002)施工。

六、阀门

1. 阀门除已标注外，DN≤50者采用闸阀；DN>50者采用蝶阀，阀门工作压力1.0MPa。
2. 管道系统最低点设DN20泄水管及同口径的闸阀；管道系统的最高点应配置ZP-I型自动排气阀。

七、机电工程抗震设计

1. 高层建筑及9度地区的建筑采暖管道应采用热镀锌钢管，连接方式为焊接。
2. 采暖管道穿过内墙或楼板时，应设置套管，套管与管道间的缝隙应填充柔性耐火材。
3. 管道穿越建筑物外墙时应设防水套管，管道穿越建筑物基础时应设套管。

基础与管道之间应留有一定间隙，管道与套管间的缝隙内应填充柔性材料。
4. 当穿越的管道与建筑外墙或基础为嵌固时，应在穿越的管道上室外就近设置柔性连接件。
5. 多根管道共用支吊架或管径大于等于300mm的单根管道支吊架，宜采用门型抗震支吊架。
6. 管道不应穿过抗震缝，当必须穿越时，应在抗震缝两边各装一个柔性接头或在通过抗震缝处安装门形弯头或设伸缩节。

八、其他

1. 施工中设备、部件的安装施工应按产品样本及说明书的规定进行。
2. 本工程预留洞、预留套管较多，管道施工时应与其他专业密切配合，并及时配合土建做好预留洞及预埋件工作，防止遗漏。管道穿剪力墙预留刚性防水套管做法详见：12N1-225-226；柔性穿墙防水套管做法详见：12N1-227-229。
3. 设备基础待设备定货后与图中尺寸核对无误后方可施工，预留螺栓孔位置以实际产品为准，并事先做好预埋件工作。
4. 注意：竣工验收时，采暖系统需要做水力平衡检验。
5. 凡未说明之处均按现行国家有关规范及标准执行。

九、图例

序号	名称	图例	备注
1	采暖供水管	—NG—	热镀锌钢管
2	采暖回水管	--NH--	热镀锌钢管
3	固定支架	×—×	
4	温控阀		供暖支管上
5	闸阀		
6	截止阀(球阀)		
7	自动排气阀		ZP-I
8	球形锁闭阀		铜质
9	热量计量表	R	
10	散热器	平面 系统	
11	采暖供回水立管	RL-①	
12	室内机		
13	分歧管		
14	室外机		
15	风管		
16	冷媒管		
17	冷凝水管		

建设单位	×××公司	图名	暖通设计及施工说明	图幅	A3
工程名称	员工宿舍楼			图号	暖施-01
				比例	1：100

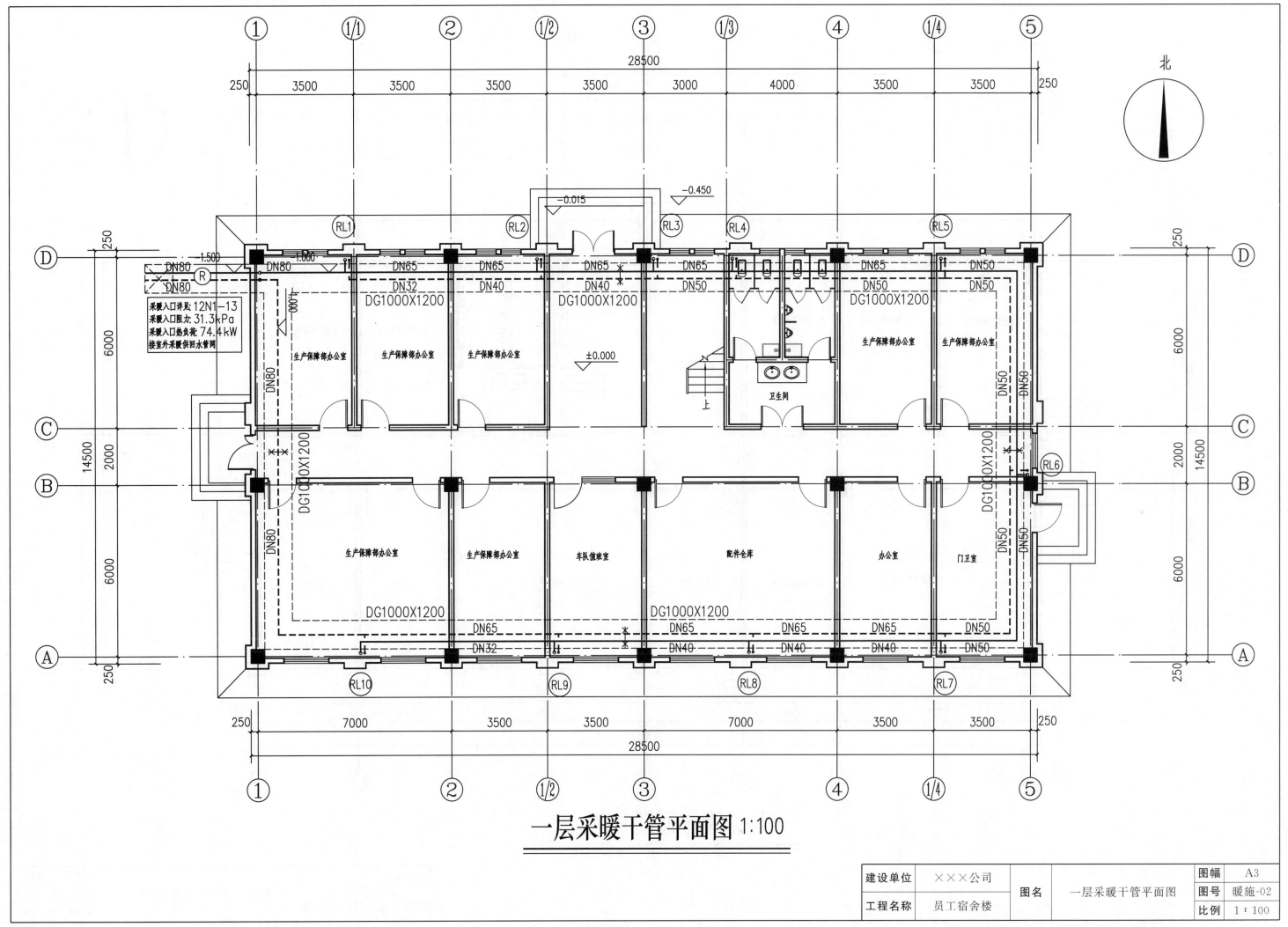

一层采暖干管平面图 1:100

建设单位	×××公司	图名	一层采暖干管平面图	图幅	A3
工程名称	员工宿舍楼			图号	暖施-02
				比例	1:100

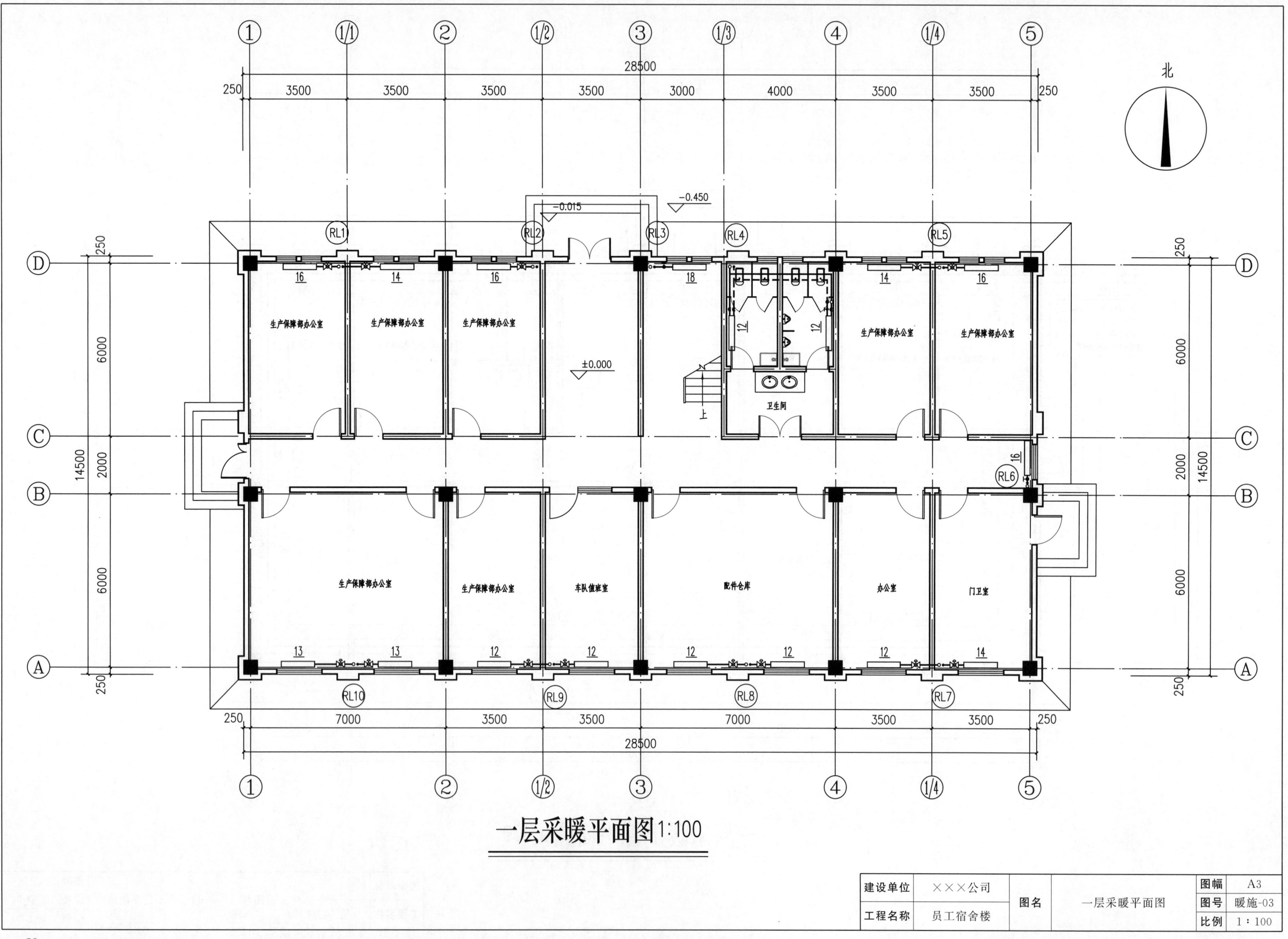

一层采暖平面图 1:100

建设单位	×××公司	图名	一层采暖平面图	图幅	A3
工程名称	员工宿舍楼			图号	暖施-03
				比例	1：100

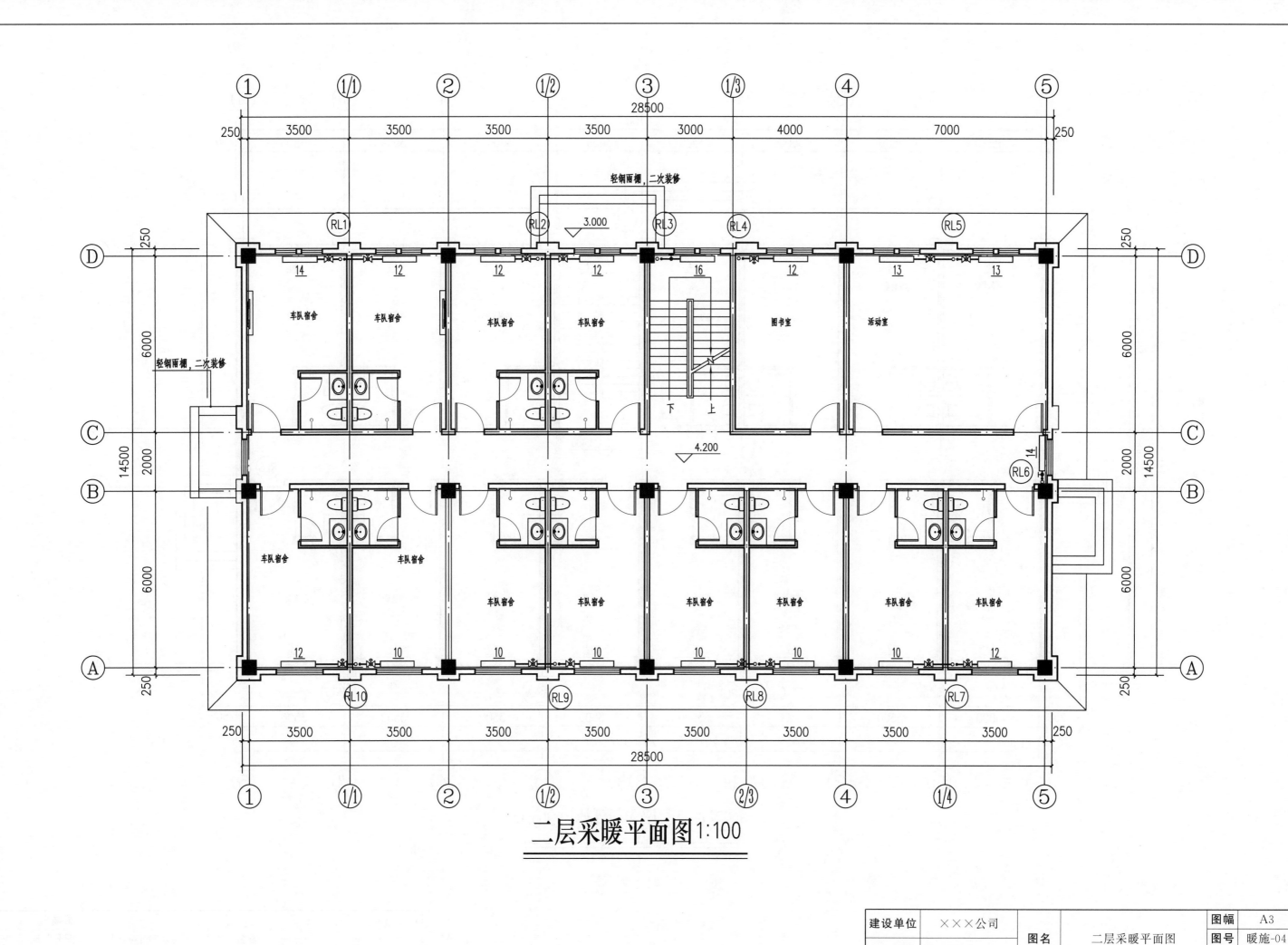

二层采暖平面图 1:100

建设单位	×××公司		图名	二层采暖平面图	图幅	A3
工程名称	员工宿舍楼				图号	暖施-04
					比例	1:100

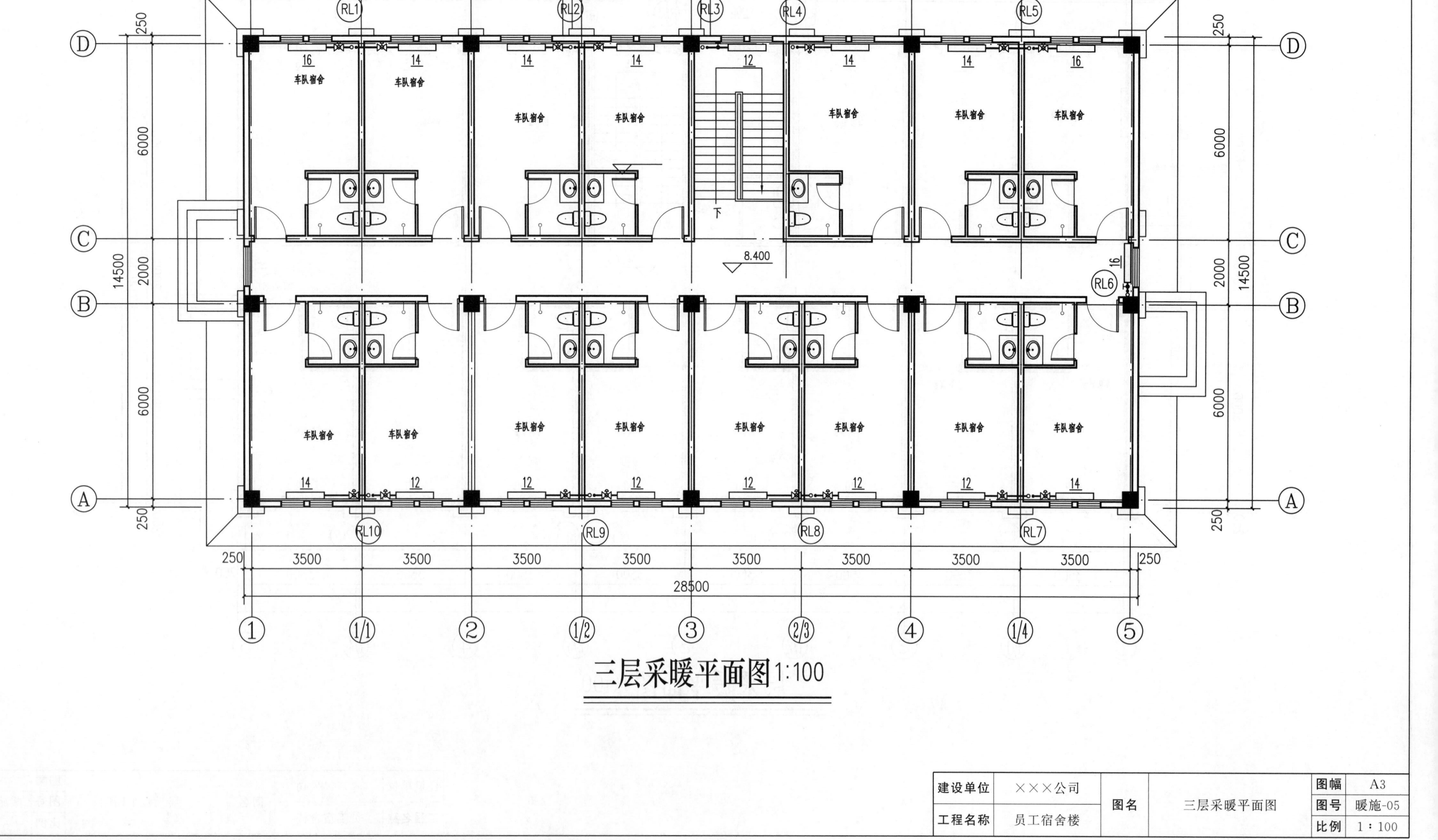

三层采暖平面图 1:100

建设单位	×××公司	图名	三层采暖平面图	图幅	A3
工程名称	员工宿舍楼			图号	暖施-05
				比例	1：100

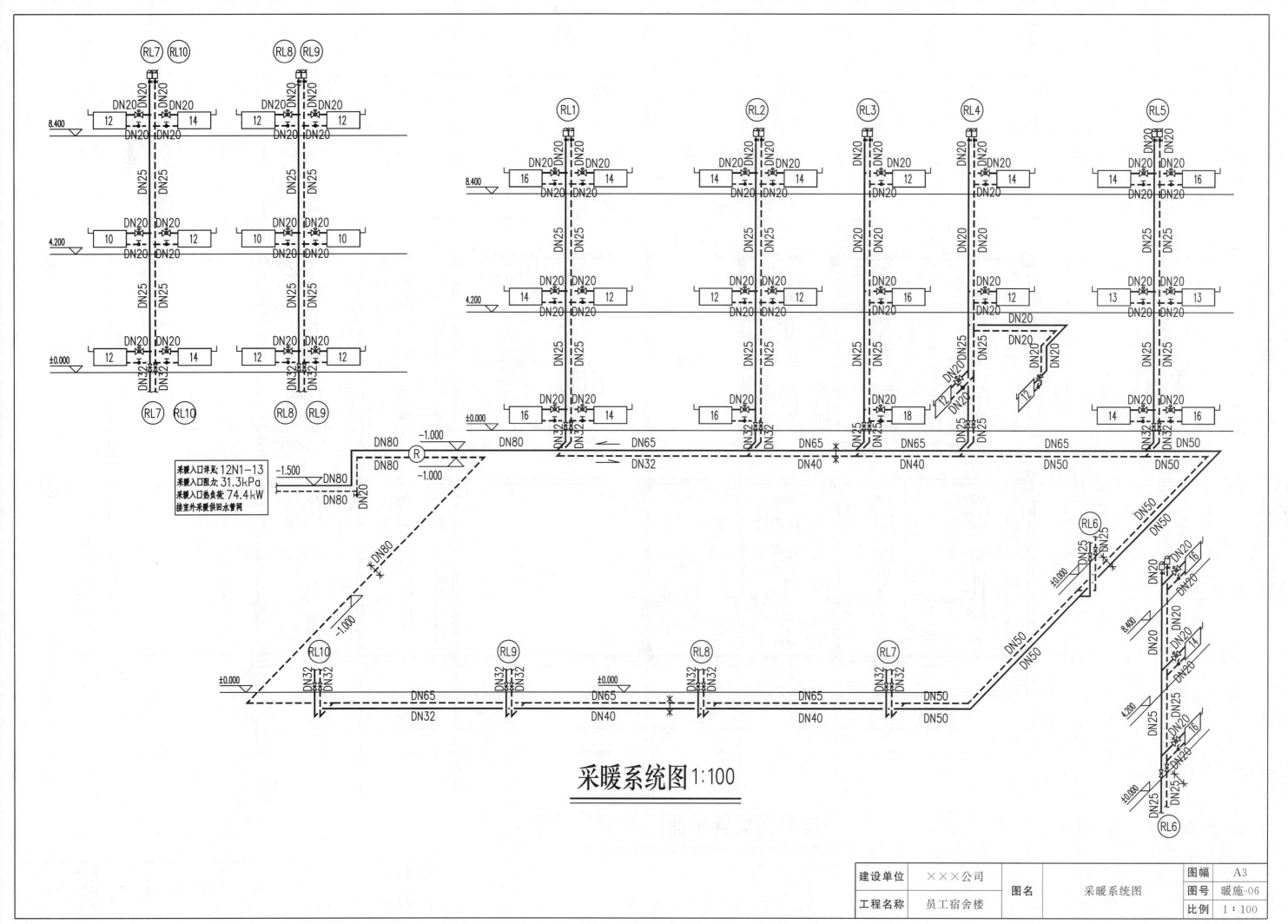

采暖系统图 1:100

建设单位	×××公司		图名	采暖系统图	图幅	A3
工程名称	员工宿舍楼				图号	暖施-06
					比例	1:100

采暖入口详见:12N1-13
采暖入口阻力:31.3kPa
采暖入口热负荷:74.4kW
接室外采暖供回水管网

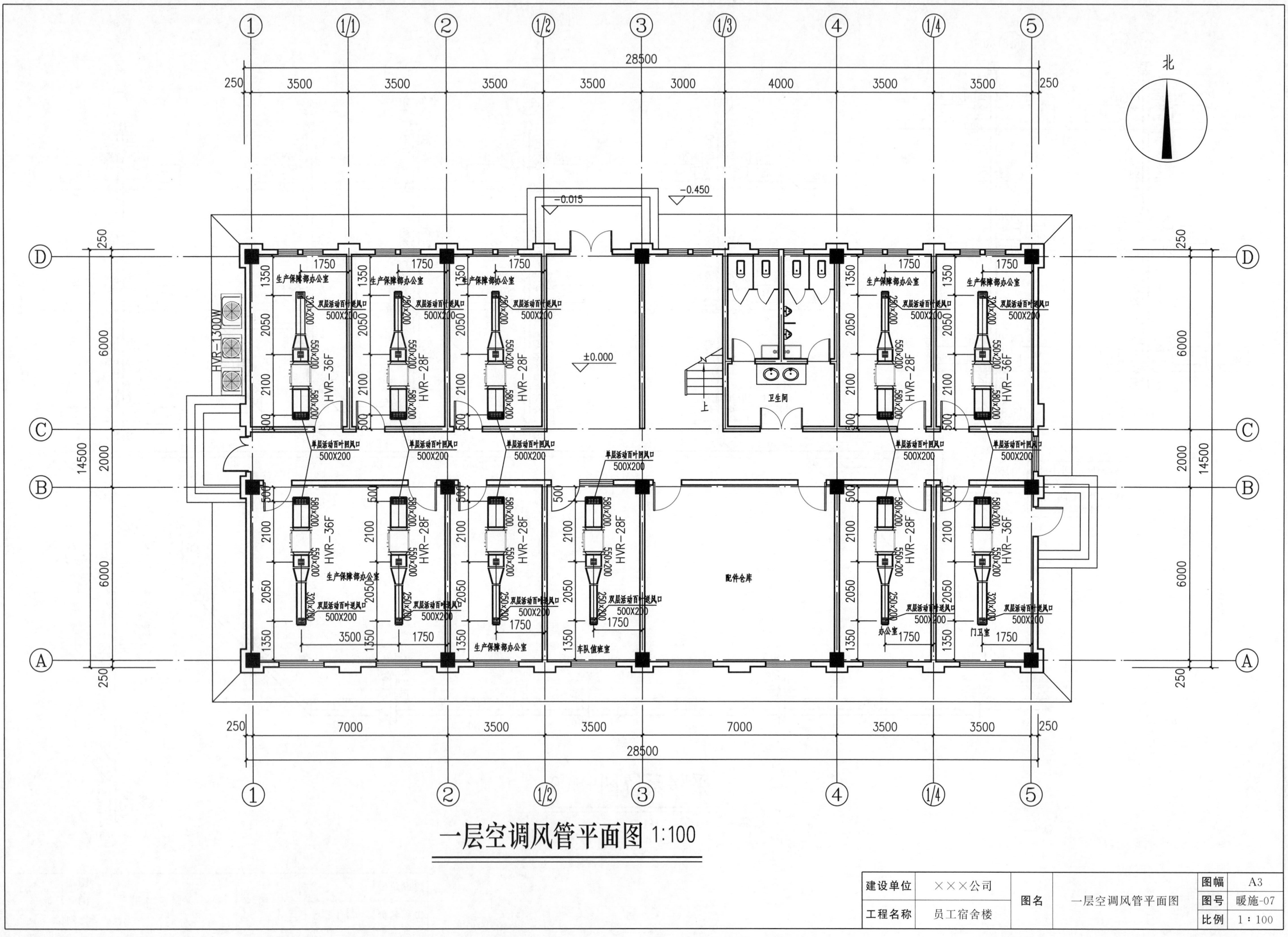

一层空调风管平面图 1:100

建设单位	×××公司	图名	一层空调风管平面图	图幅	A3
工程名称	员工宿舍楼			图号	暖施-07
				比例	1:100

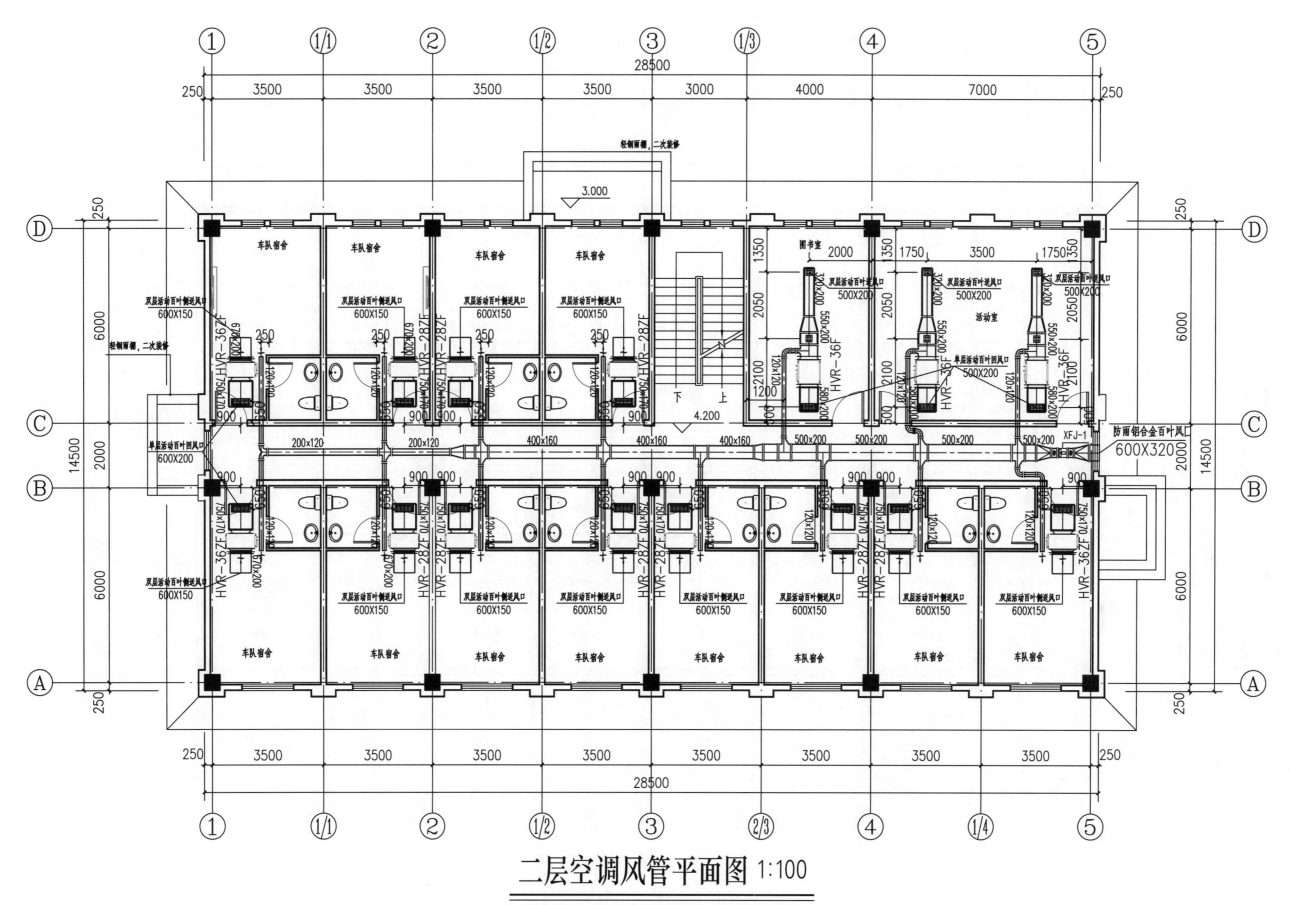

二层空调风管平面图 1:100

注：图中未标注回风口尺寸均为600×200单层活动百叶回风口。

建设单位	×××公司	图名	二层空调风管平面图	图幅	A3
工程名称	员工宿舍楼			图号	暖施-08
				比例	1：100

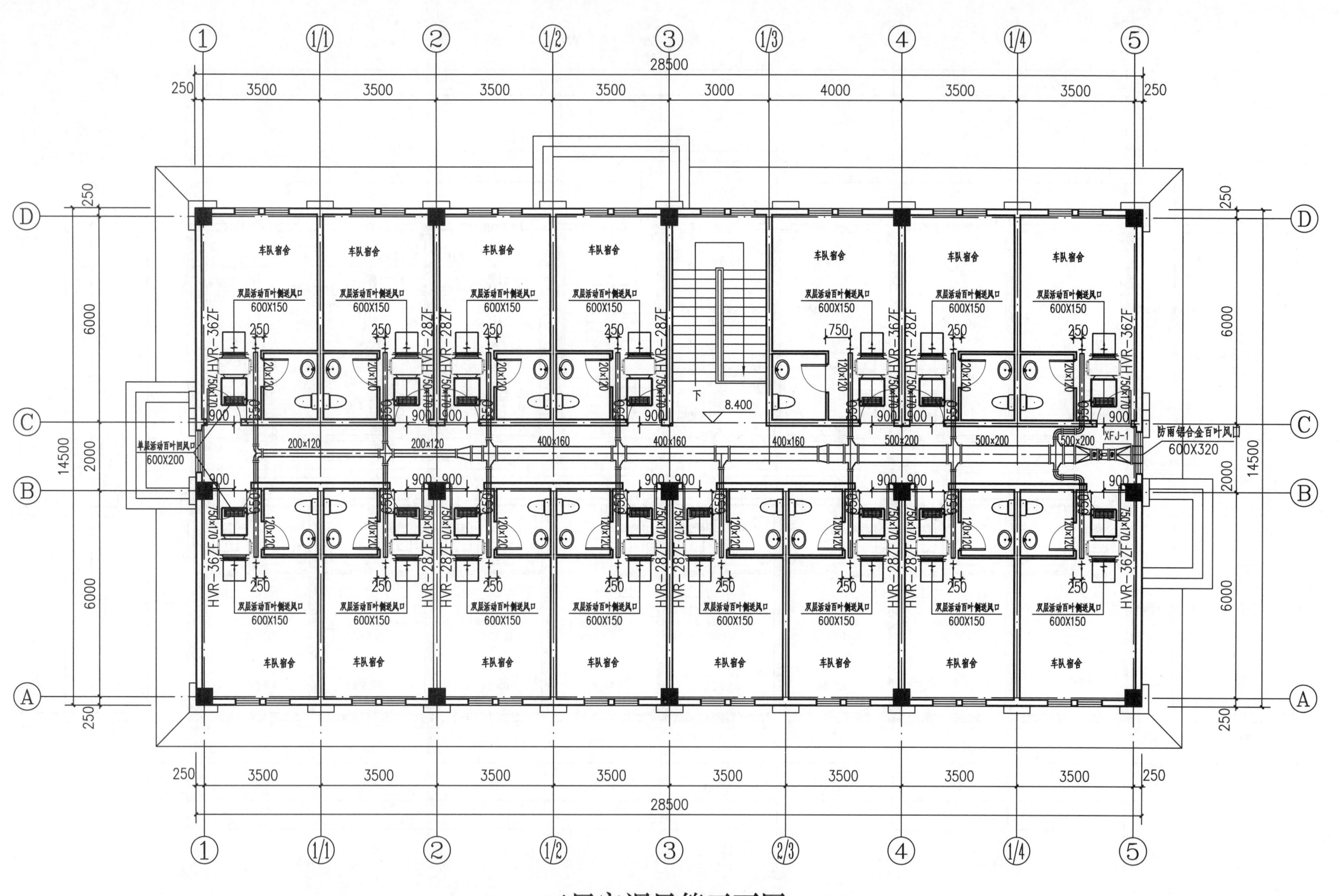

三层空调风管平面图 1:100

注：图中未标注回风口尺寸均为600×200单层活动百叶回风口。

建设单位	×××公司			图幅	A3
		图名	三层空调风管平面图	图号	暖施-09
工程名称	员工宿舍楼			比例	1：100

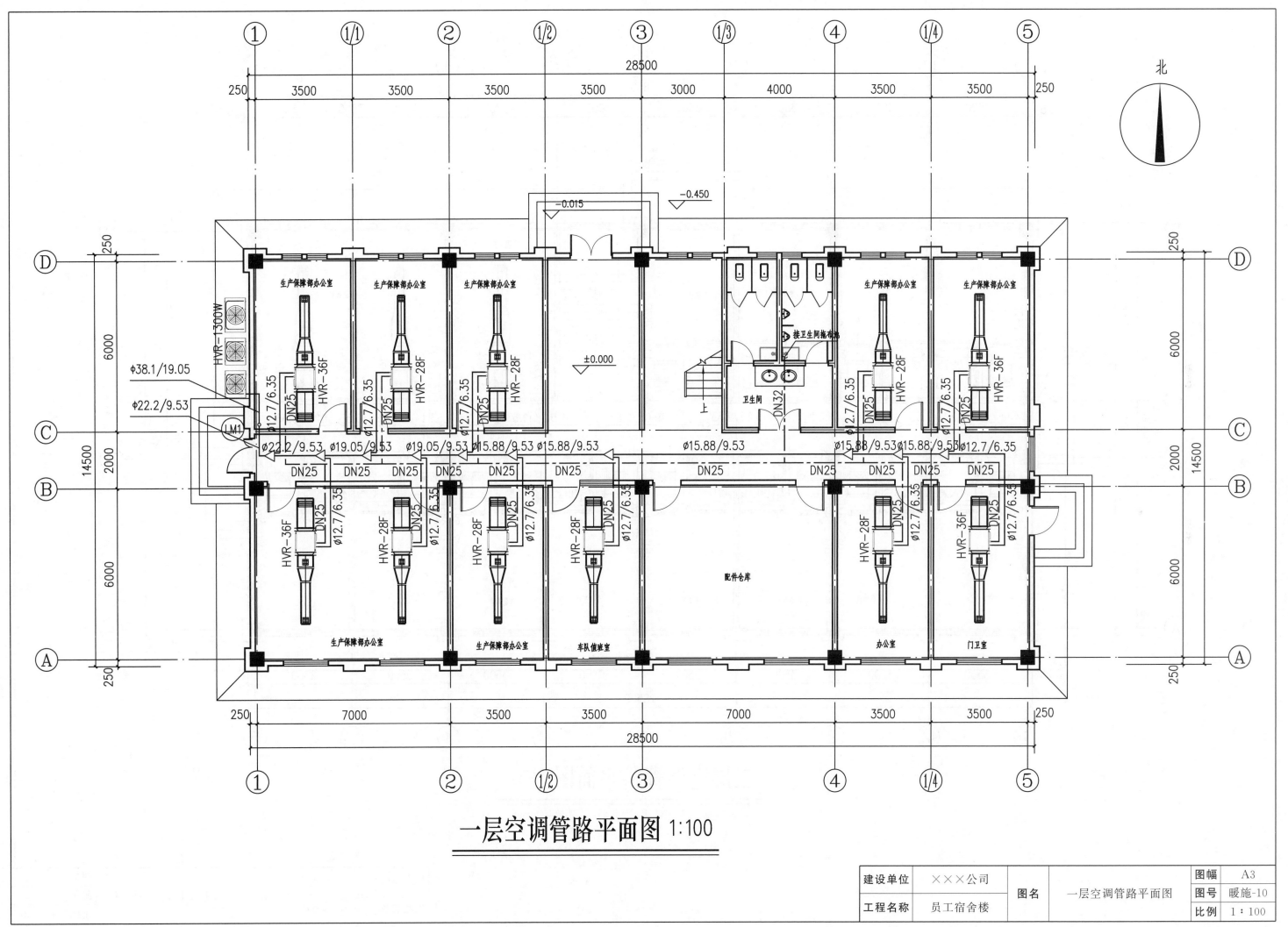

一层空调管路平面图 1:100

建设单位	×××公司			图幅	A3
		图名	一层空调管路平面图	图号	暖施-10
工程名称	员工宿舍楼			比例	1:100

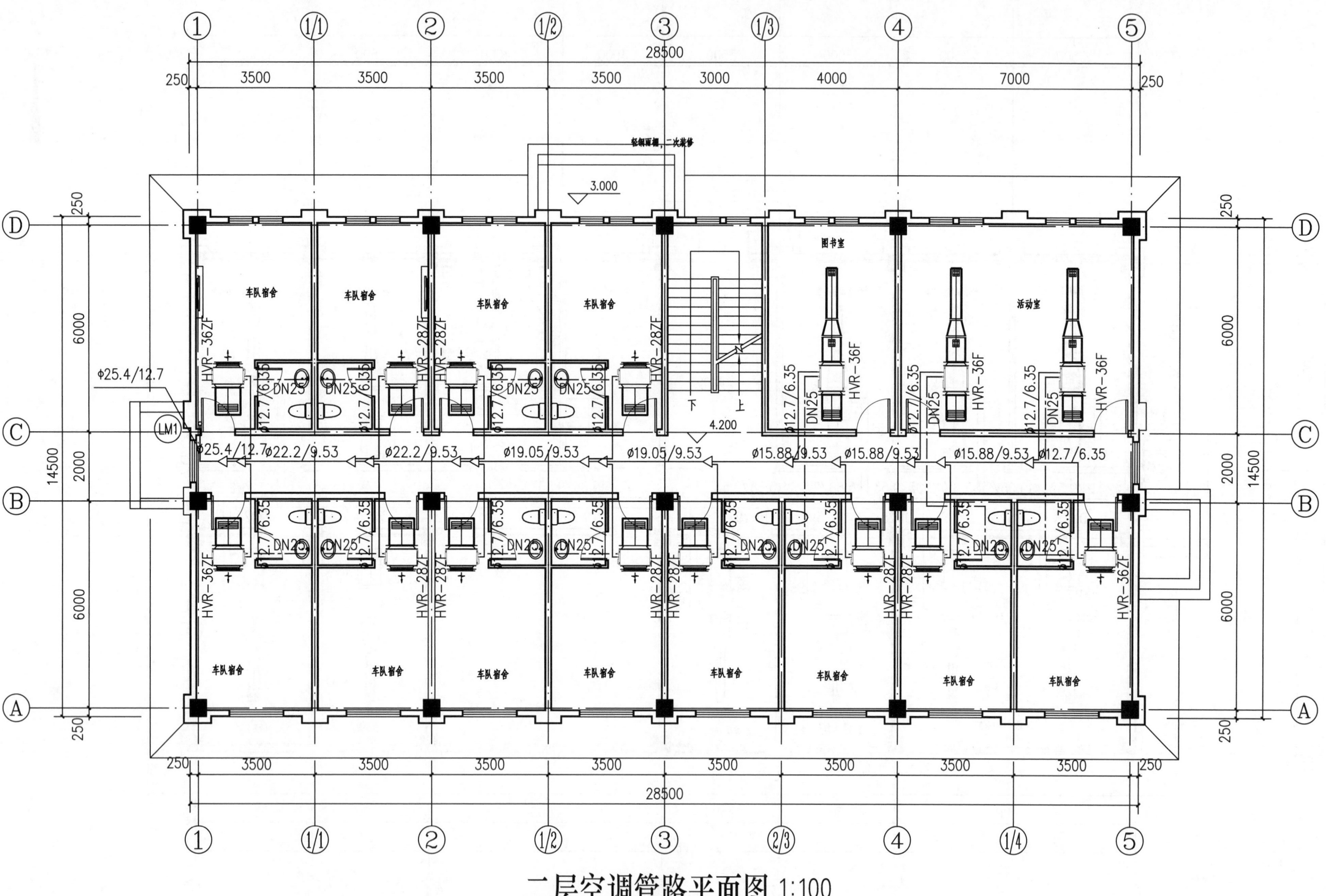

二层空调管路平面图 1:100

注：冷凝水管均排入卫生间地漏内，距地漏200mm。

建设单位	×××公司		图名	二层空调管路平面图	图幅	A3
					图号	暖施-11
工程名称	员工宿舍楼				比例	1：100

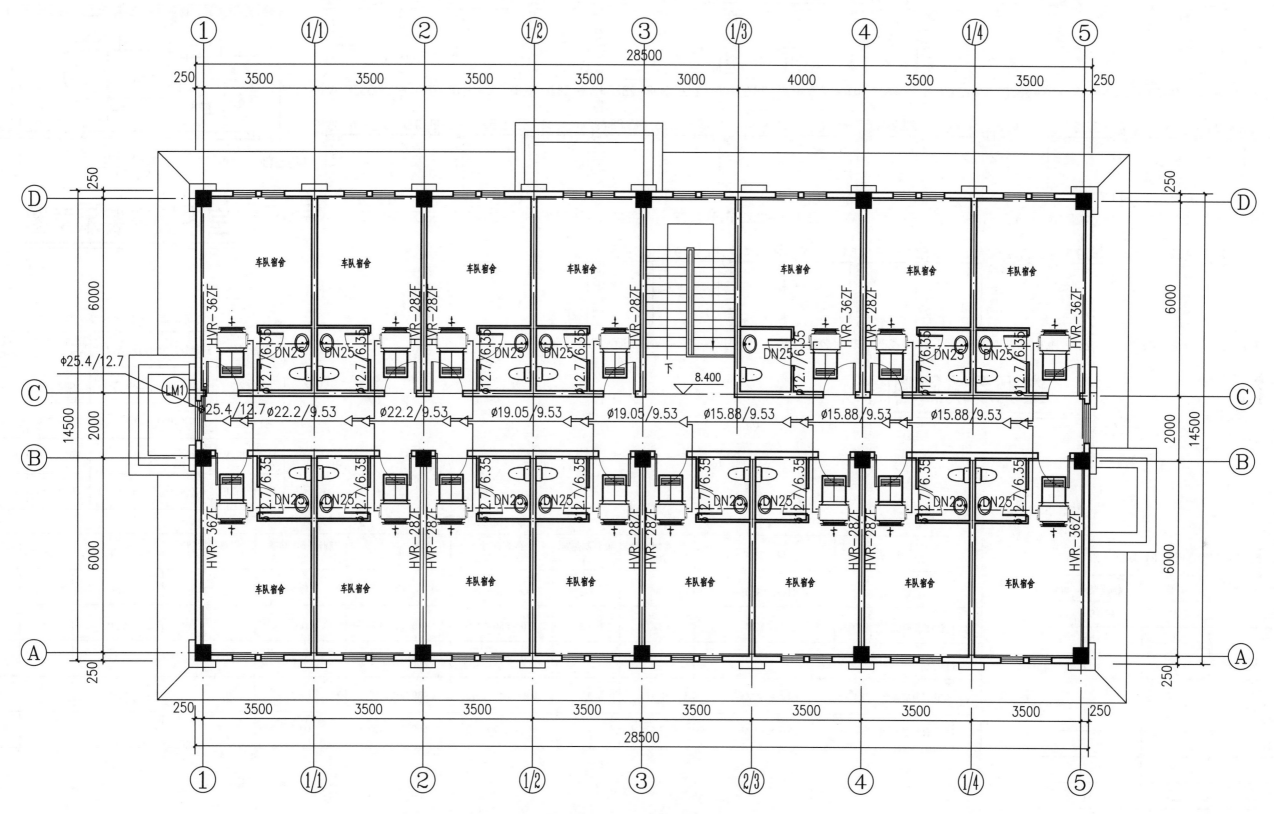

三层空调管路平面图 1:100

注：冷凝水管均排入卫生间地漏内，距地漏200mm。

建设单位	×××公司	图名	三层空调管路平面图	图幅	A3
工程名称	员工宿舍楼			图号	暖施-12
				比例	1：100

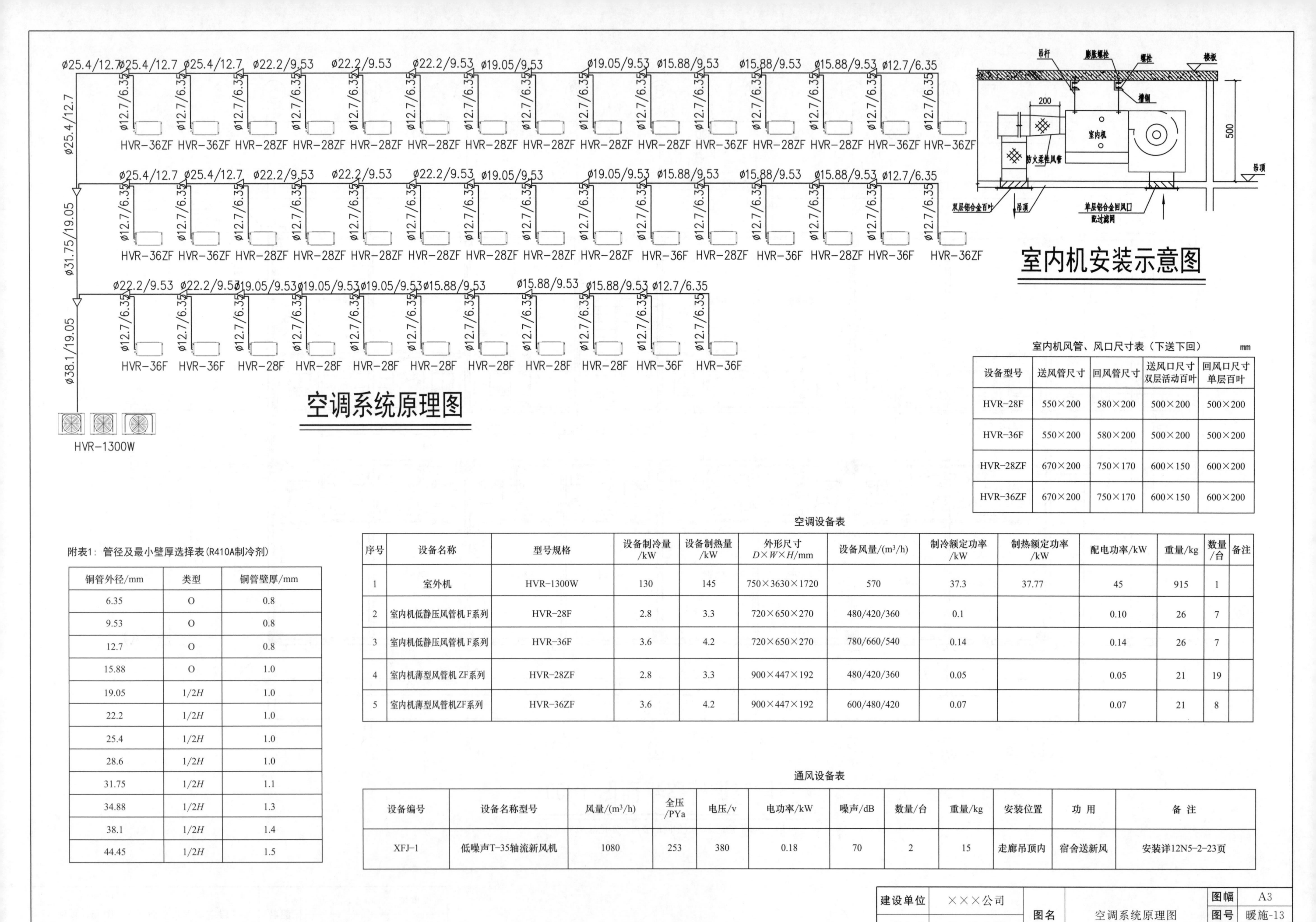

空调系统原理图

室内机安装示意图

室内机风管、风口尺寸表（下送下回） mm

设备型号	送风管尺寸	回风管尺寸	送风口尺寸双层活动百叶	回风口尺寸单层百叶
HVR-28F	550×200	580×200	500×200	500×200
HVR-36F	550×200	580×200	500×200	500×200
HVR-28ZF	670×200	750×170	600×150	600×200
HVR-36ZF	670×200	750×170	600×150	600×200

附表1：管径及最小壁厚选择表（R410A制冷剂）

铜管外径/mm	类型	铜管壁厚/mm
6.35	O	0.8
9.53	O	0.8
12.7	O	0.8
15.88	O	1.0
19.05	1/2H	1.0
22.2	1/2H	1.0
25.4	1/2H	1.0
28.6	1/2H	1.0
31.75	1/2H	1.1
34.88	1/2H	1.3
38.1	1/2H	1.4
44.45	1/2H	1.5

空调设备表

序号	设备名称	型号规格	设备制冷量/kW	设备制热量/kW	外形尺寸 D×W×H/mm	设备风量/(m³/h)	制冷额定功率/kW	制热额定功率/kW	配电功率/kW	重量/kg	数量/台	备注
1	室外机	HVR-1300W	130	145	750×3630×1720	570	37.3	37.77	45	915	1	
2	室内机低静压风管机F系列	HVR-28F	2.8	3.3	720×650×270	480/420/360	0.1		0.10	26	7	
3	室内机低静压风管机F系列	HVR-36F	3.6	4.2	720×650×270	780/660/540	0.14		0.14	26	7	
4	室内机薄型风管机ZF系列	HVR-28ZF	2.8	3.3	900×447×192	480/420/360	0.05		0.05	21	19	
5	室内机薄型风管机ZF系列	HVR-36ZF	3.6	4.2	900×447×192	600/480/420	0.07		0.07	21	8	

通风设备表

设备编号	设备名称型号	风量/(m³/h)	全压/PYa	电压/v	电功率/kW	噪声/dB	数量/台	重量/kg	安装位置	功用	备注
XFJ-1	低噪声T-35轴流新风机	1080	253	380	0.18	70	2	15	走廊吊顶内	宿舍送新风	安装详12N5-2-23页

建设单位	×××公司			图幅	A3
工程名称	员工宿舍楼	图名	空调系统原理图	图号	暖施-13
				比例	1∶100

电气设计说明

一、设计依据

1. 建筑概况

本工程为员工宿舍楼。地上三层，主要为办公、住宿，坡屋面，建筑高度16.2m，总建筑面积为1239.75m²。结构形式为框架结构，现浇混凝土楼板，独立基础。本工程属于多层建筑。

2. 建筑、结构、给排水、暖通等专业提供的设计资料。

3. 建设单位提供的设计任务书及相关设计要求。

4. 中华人民共和国现行主要规程规范及设计标准：

《民用建筑电气设计规范》(JGJ 16—2008)

《建筑设计防火规范》(GB 50016—2006)

《低压配电设计规范》(GB 50054—2011)

《建筑照明设计标准》(GB 50034—2013)

《建筑物防雷设计规范》(GB 50057—2010)

其他有关国家及地方的现行规程、规范及标准。

二、设计范围

本次电气设计的主要内容包括：电气照明系统。

三、电源及负荷

1. 本工程应急照明按二级负荷考虑，其余为三级负荷。设备安装容量P_e=81.0kW。

2. 楼内低压电源由室外变配电房采用三相四芯铜芯铠装电缆埋地引来，接地型式采用TN-C-S系统，电源线路进楼处做重复接地，并与防雷接地共用接地极。

3. 线路敷设：室外强电线路采用铠装绝缘电缆直接埋地敷设，埋深为室外地下0.8m，进楼后穿焊接钢管保护；楼内电气线路穿钢管敷设在楼板、吊顶、地面或墙内。楼内所有线路和穿管的规格均参见平面图或系统图中标注。

四、电气照明系统

1. 楼内房间主要采用细管径直管形荧光灯，办公室照度300lx，宿舍照度100lx，灯具采用电子镇流器，$\cos\varphi>0.9$。

2. 走道、楼梯间设置应急照明，走道设置疏散指示灯，应急照明和疏散指示标志均为带蓄电池式灯具，要求供电时间不少于30min。

3. 设备安装：除平面图中特殊注明外，设备均为靠墙、靠近门框或居中均匀布置，其安装方式及安装高度均参见主要设备材料表。有淋浴的卫生间内开关、插座须设在2区以外。

4. 图中照明线路除已注明根数的外，灯具和插座回路均为3根线；其中BV-2.5线路的穿管规格分别为：4根以下穿管SC15，5~6根穿管SC20，7~8根穿管SC25。

5. 图中配电箱尺寸应与成套厂配合后确定其留洞大小。

6. 照明配电箱嵌墙暗装，所有电源插座和开关均嵌墙暗装，安装高度参见材料表中标注。

五、动力配电系统

1. 本工程设有集中空调系统，除洗车房外每个房间均设有风机盘管，风机盘管调速开关由甲方自选。

2. 从风机盘管至其调速开关间预埋SC20管。

六、建筑物防雷和接地系统

1. 根据"建筑物防雷设计规范"，本建筑应属于第三类防雷建筑物，采用屋面接闪带、防雷引下线和自然接地网组成建筑物防雷和接地系统。

2. 本楼屋顶接闪带采用φ10热镀锌圆钢，支高0.15m，支持卡子间距1.0m固定(转角处0.5m)；凡突出屋面的金属构件、金属通风管等均与接闪带可靠焊接。

3. 利用建筑物柱子内两根φ16以上主筋通长连接作为引下线，引下线间距不大于25m。所有外墙引下线在室外地面下1m处引出一根40mm×4mm热镀锌扁钢，扁钢伸出室外，距外墙皮的距离不小于1m。

4. 利用独立基础地梁内主筋周圈焊接做接地极，使整个基础形成等电位的接地网。

5. 引下线上端与接闪带焊接，下端与接地极焊接。建筑物两对角的外墙引下线在室外地面上1.5m处设测试卡子。

6. 室外接地凡焊接处均应刷沥青防腐。

7. 本楼采用强弱电联合接地系统，要求接地电阻不大于1Ω，实测不满足要求时，增设人工接地极。

8. 凡正常不带电，而当绝缘破坏有可能呈现电压的一切电气设备金属外壳均应可靠接地。

9. 本工程采用总等电位联结，总等电位板用紫铜板制成，应将建筑物内保护干线、设备进线总管等进行联结，总等电位联结线采用BV-1×25mm2PC32，总等电位联结均采用等电位卡子，禁止在金属管道上焊接。

10. 有淋浴的卫生间采用局部等电位联结，利用-40mm×4mm镀锌扁钢至局部等电位箱(LEB)，局部等电位箱暗装，底边距地0.3m。将卫生间内保护地线、所有金属管道、金属构件联结。具体做法参见国标图集《等电位联结安装》02D501-2。

七、电气节能措施

1. 选用高效节能光源：选用具有较高反射比反射罩的高效率灯具，优先选用开启式直接照明灯具。灯具采用节能电感镇流器或电子镇流器。

2. 灯具功率因数达到0.90以上，减少无功功率损耗。

3. 照明功率密度值应满足《建筑照明设计标准》规定。

八、电话系统

1. 市政电话电缆先由室外引入一层电话总接线箱，再由总接线箱引至各层接线箱。

2. 电话电缆及电话线分别选用HYA和RVS型，穿钢管暗敷。

九、网络布线系统

1. 由室外引来的数据网线至一层网络设备箱，再由网络设备箱引出四芯多模光纤配线给各层配线箱。

2. 网络电缆进线穿钢管埋地暗敷，从网层络配线箱引至末端点位的线路采用UTP-5网线，穿SC管暗敷。

十、有线电视系统

1. 系统采用邻频传输，用户电平要求为(69±6)dB。

2. 有线电视电缆由室外引至一层电视前端箱再分配到各分支分配器箱；电视前端箱、层分支分配器箱，电视前端箱底边距地0.5m，层分支分配器箱底边距地2.2m。

3. 楼内干线选用SYWV-75-9型，穿SC25管或沿线槽敷设，分支线选用SYWV-75-5型，穿SC20管或沿线槽敷设。

4. 线缆、设备选型及系统调试由专业厂家深化设计。

建设单位	×××公司	图名	电气设计说明	图幅	A3
工程名称	员工宿舍楼			图号	电施-01
				比例	1:100

图纸目录

主要设备材料表

序号	图例	名称	规格型号	安装方式	单位	备注
1	▬	照明配电箱	(依系统图)	底边距地1.5m	台	嵌墙暗装
2	▭	动力配电箱	(依系统图)	底边距地1.5m	台	嵌墙暗装
3	▭	T5双管格栅灯	2×28W	吸顶安装	套	
4	—	T5单管荧光灯	1×28W	吸顶安装	套	
5	⊗	防潮吸顶灯	1×32W	吸顶安装	套	
6	◗	节能吸顶灯	1×32W	吸顶安装	套	
7	▣	带蓄电池应急灯	2×8W	吸顶安装	套	
8	E	安全出口标志灯	1×5W	底距地2.3m	套	
9	→	疏散指示灯	1×5W	底距地2.4m吊装	套	
10	⊜	换气扇		吸顶安装	台	
11	⊞	室内机薄型风管机	见暖通图纸	见暖通图纸	台	
12	⌐	单联单控开关	250V，16A	距地1.3m	个	嵌墙
13	⌐	双联单控开关	250V，16A	距地1.3m	个	嵌墙
14	⌐	三联单控开关	250V，16A	距地1.3m	个	嵌墙
15	♂	风管机开关	250V，16A	距地1.3m	个	嵌墙
16	▼	单相二三孔组合插座	250V，10A	距地0.3m(安全型)	个	嵌墙
17	▽	单相二三孔组合防溅插座	250V，10A	距地1.5m(安全型)	个	嵌墙
18	⊙⊙	设备检修按钮		距地1.3m	个	嵌墙
19	LEB	接地端子板		距地0.3m	个	嵌墙暗装
20	MEB	总等电位接地端子板		距地0.3m	个	嵌墙暗装
21	TP	电话插座		距地0.3m	个	
22	TO	网络插座		距地0.3m	个	
23	TD	网络电话双口插座		距地0.3m	个	
24	TV	电视插座		距地0.3m	个	
25	▦	弱电配线箱		距地0.5m	个	
26	VH	电视前端箱		距地0.5m	个	
27	VP	电视层分支分配器箱		距地2.2m	个	

建设单位	×××公司	图名	主要设备材料表	图幅	A3
工程名称	员工宿舍楼			图号	电施-02
				比例	1：100

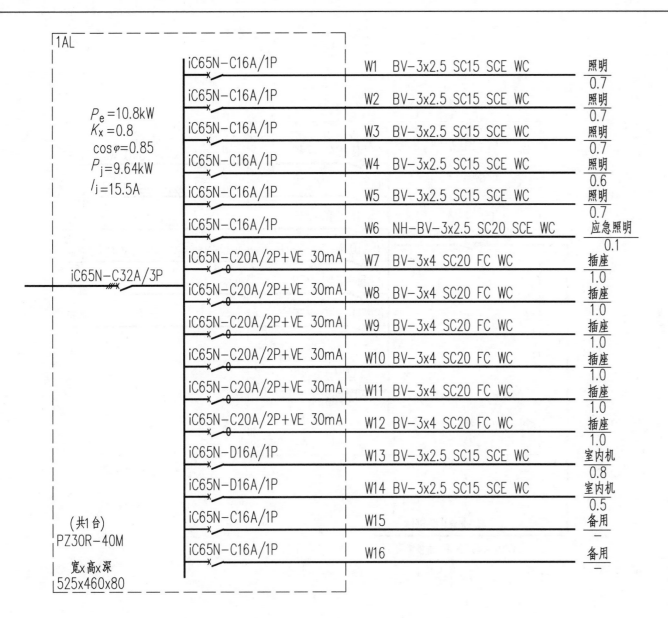

1AL

iC65N-C16A/1P	W1	BV-3x2.5 SC15 SCE WC	照明 0.7
iC65N-C16A/1P	W2	BV-3x2.5 SC15 SCE WC	照明 0.7
iC65N-C16A/1P	W3	BV-3x2.5 SC15 SCE WC	照明 0.7
iC65N-C16A/1P	W4	BV-3x2.5 SC15 SCE WC	照明 0.6
iC65N-C16A/1P	W5	BV-3x2.5 SC15 SCE WC	照明 0.7
iC65N-C16A/1P	W6	NH-BV-3x2.5 SC20 SCE WC	应急照明 0.1
iC65N-C20A/2P+VE 30mA	W7	BV-3x4 SC20 FC WC	插座 1.0
iC65N-C20A/2P+VE 30mA	W8	BV-3x4 SC20 FC WC	插座 1.0
iC65N-C20A/2P+VE 30mA	W9	BV-3x4 SC20 FC WC	插座 1.0
iC65N-C20A/2P+VE 30mA	W10	BV-3x4 SC20 FC WC	插座 1.0
iC65N-C20A/2P+VE 30mA	W11	BV-3x4 SC20 FC WC	插座 1.0
iC65N-C20A/2P+VE 30mA	W12	BV-3x4 SC20 FC WC	插座 1.0
iC65N-D16A/1P	W13	BV-3x2.5 SC15 SCE WC	室内机 0.8
iC65N-D16A/1P	W14	BV-3x2.5 SC15 SCE WC	室内机 0.5
iC65N-C16A/1P	W15		备用 —
iC65N-C16A/1P	W16		备用 —

P_e=10.8kW
K_x=0.8
cosφ=0.85
P_j=9.64kW
I_j=15.5A

iC65N-C32A/3P

(共1台)
PZ30R-40M

宽x高x深
525x460x80

2AL

iC65N-C16A/1P	W1	BV-3x2.5 SC15 SCE WC	照明 0.8
iC65N-C16A/1P	W2	BV-3x2.5 SC15 SCE WC	照明 0.8
iC65N-C16A/1P	W3	BV-3x2.5 SC15 SCE WC	照明 0.8
iC65N-C16A/1P	W4	BV-3x2.5 SC15 SCE WC	照明 0.8
iC65N-C16A/1P	W5	BV-3x2.5 SC15 SCE WC	照明 0.8
iC65N-C16A/1P	W6	NH-BV-3x2.5 SC20 SCE WC	应急照明 0.1
iC65N-C20A/2P+VE 30mA	W7	BV-3x4 SC20 FC WC	插座 1.0
iC65N-C20A/2P+VE 30mA	W8	BV-3x4 SC20 FC WC	插座 1.0
iC65N-C20A/2P+VE 30mA	W9	BV-3x4 SC20 FC WC	插座 1.0
iC65N-C20A/2P+VE 30mA	W10	BV-3x4 SC20 FC WC	插座 1.0
iC65N-C20A/2P+VE 30mA	W11	BV-3x4 SC20 FC WC	插座 1.0
iC65N-C20A/2P+VE 30mA	W12	BV-3x4 SC20 FC WC	插座 1.0
iC65N-C20A/2P+VE 30mA	W13	BV-3x4 SC20 FC WC	插座 1.0
iC65N-D16A/1P	W14	BV-3x2.5 SC15 SCE WC	室内机 0.5
iC65N-D16A/1P	W15	BV-3x2.5 SC15 SCE WC	室内机 0.7
		KVV 4x1.5 SC15 CC WC	
iC65N-D10A/3P 16A	WP1	BV-4x2.5 SC20 SCE WC	新风机 0.18kW
iC65N-C20A/2P+VE 30mA	W16		备用 —
iC65N-C16A/1P	W17		备用 —

P_e=12.3kW
K_x=0.8
cosφ=0.85
P_j=9.84kW
I_j=17.6A

iC65N-C32A/3P

(共1台)
PZ30R-45M

宽x高x深
350x650x80

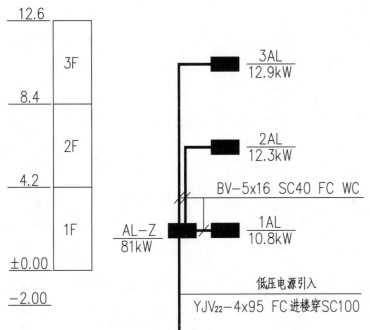

12.6

3F

8.4

2F

4.2

1F

±0.00

-2.00

3AL
12.9kW

2AL
12.3kW

BV-5x16 SC40 FC WC

AL-Z
81kW

1AL
10.8kW

低压电源引入
YJV₂₂-4x95 FC进楼穿SC100

供电干线图

配电系统图一

建设单位	×××公司	图名	配电系统图一	图幅	A3
				图号	电施-03
工程名称	员工宿舍楼			比例	1:100

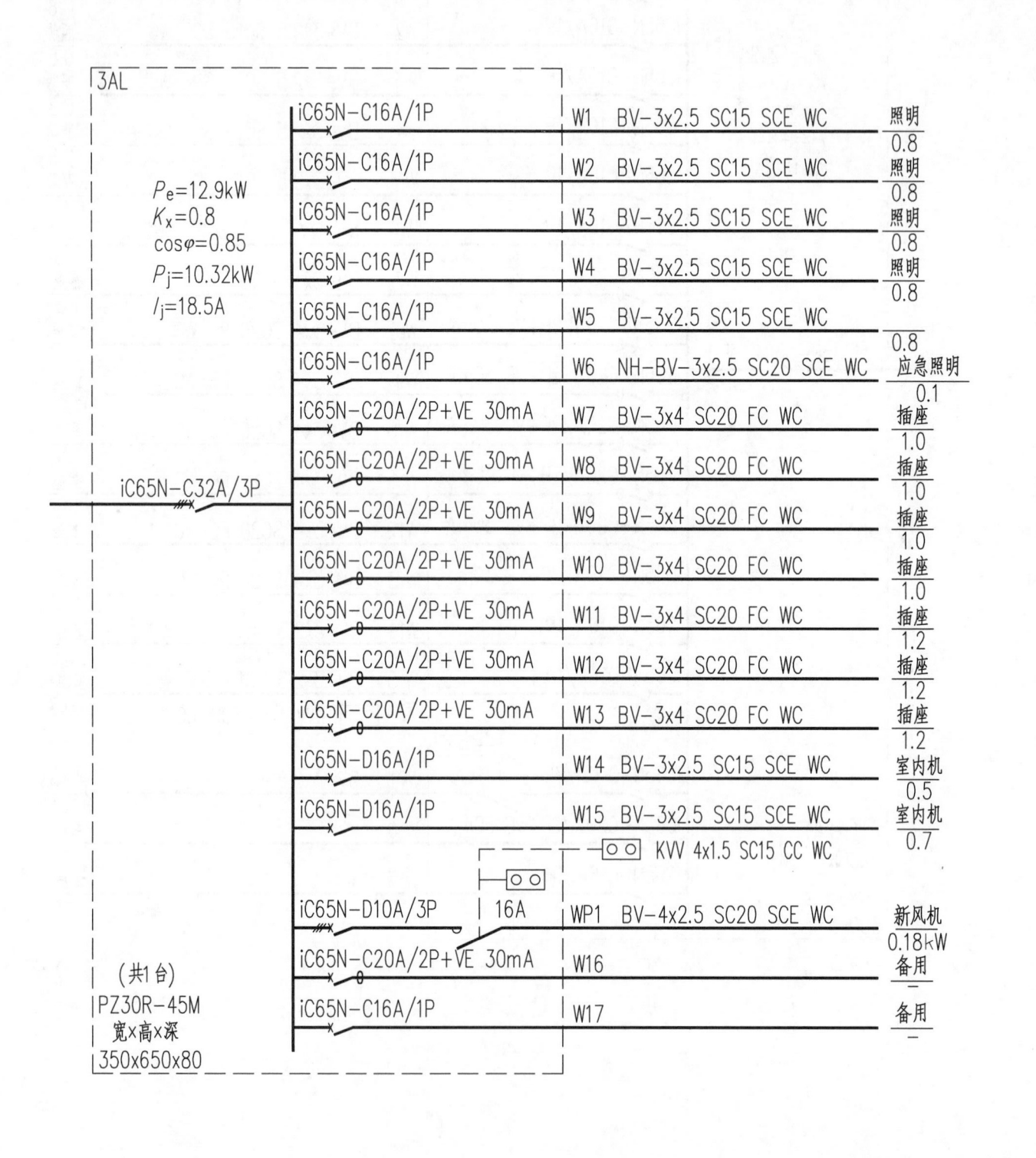

3AL					
	iC65N-C16A/1P	W1	BV-3x2.5 SC15 SCE WC	照明	0.8
	iC65N-C16A/1P	W2	BV-3x2.5 SC15 SCE WC	照明	0.8
P_e=12.9kW	iC65N-C16A/1P	W3	BV-3x2.5 SC15 SCE WC	照明	0.8
K_x=0.8	iC65N-C16A/1P	W4	BV-3x2.5 SC15 SCE WC	照明	0.8
$\cos\varphi$=0.85	iC65N-C16A/1P	W5	BV-3x2.5 SC15 SCE WC		0.8
P_j=10.32kW	iC65N-C16A/1P	W6	NH-BV-3x2.5 SC20 SCE WC	应急照明	0.1
I_j=18.5A	iC65N-C20A/2P+VE 30mA	W7	BV-3x4 SC20 FC WC	插座	1.0
	iC65N-C20A/2P+VE 30mA	W8	BV-3x4 SC20 FC WC	插座	1.0
iC65N-C32A/3P	iC65N-C20A/2P+VE 30mA	W9	BV-3x4 SC20 FC WC	插座	1.0
	iC65N-C20A/2P+VE 30mA	W10	BV-3x4 SC20 FC WC	插座	1.0
	iC65N-C20A/2P+VE 30mA	W11	BV-3x4 SC20 FC WC	插座	1.2
	iC65N-C20A/2P+VE 30mA	W12	BV-3x4 SC20 FC WC	插座	1.2
	iC65N-C20A/2P+VE 30mA	W13	BV-3x4 SC20 FC WC	插座	1.2
	iC65N-D16A/1P	W14	BV-3x2.5 SC15 SCE WC	室内机	0.5
	iC65N-D16A/1P	W15	BV-3x2.5 SC15 SCE WC	室内机	0.7
			KVV 4x1.5 SC15 CC WC		
	iC65N-D10A/3P 16A	WP1	BV-4x2.5 SC20 SCE WC	新风机	0.18kW
	iC65N-C20A/2P+VE 30mA	W16		备用	—
(共1台) PZ30R-45M 宽×高×深 350x650x80	iC65N-C16A/1P	W17		备用	—

AL-Z				
	iC65N-C40A/3P	W1	BV-5x16 SC40 WC	1AL 10.8
P_e=81kW	iC65N-C40A/3P	W2	BV-5x16 SC40 WC	2AL 12.3
K_x=0.8	iC65N-C40A/3P	W3	BV-5x16 SC40 WC	3AL 12.9
$\cos\varphi$=0.85	NSX100N-100A/3P	W4	YJV-3x35+2x16 SC50 FC	室外机 45kW
P_j=64.8kW	iC65N-C40A/3P	W5		备用 —
I_j=115.9A	iC65N-C40A/3P	W6		备用 —
VigiNSX160FTM 160AME4P				
(300mA)				

CPM-R 100T

(共1台)
宽×高×深
600x700x150

低压电源从楼外引来
YJV$_{22}$-4x95 FC进楼穿SC100

配电系统图二

建设单位	×××公司	图名	配电系统图二	图幅	A3
				图号	电施-04
工程名称	员工宿舍楼			比例	1：100

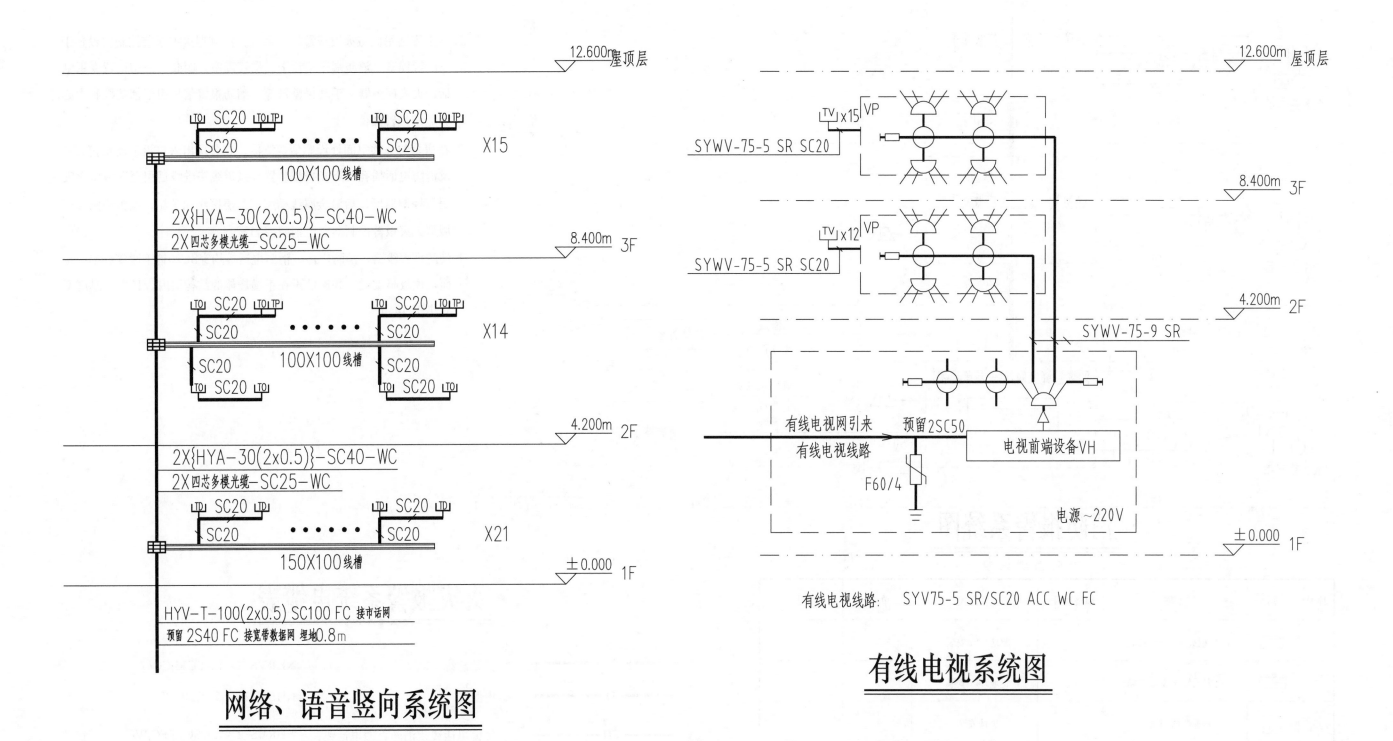

网络、语音竖向系统图

有线电视系统图

有线电视线路: SYV75-5 SR/SC20 ACC WC FC

弱电系统图

建设单位	×××公司			图幅	A3
		图名	弱电系统图	图号	电施-05
工程名称	员工宿舍楼			比例	1:100

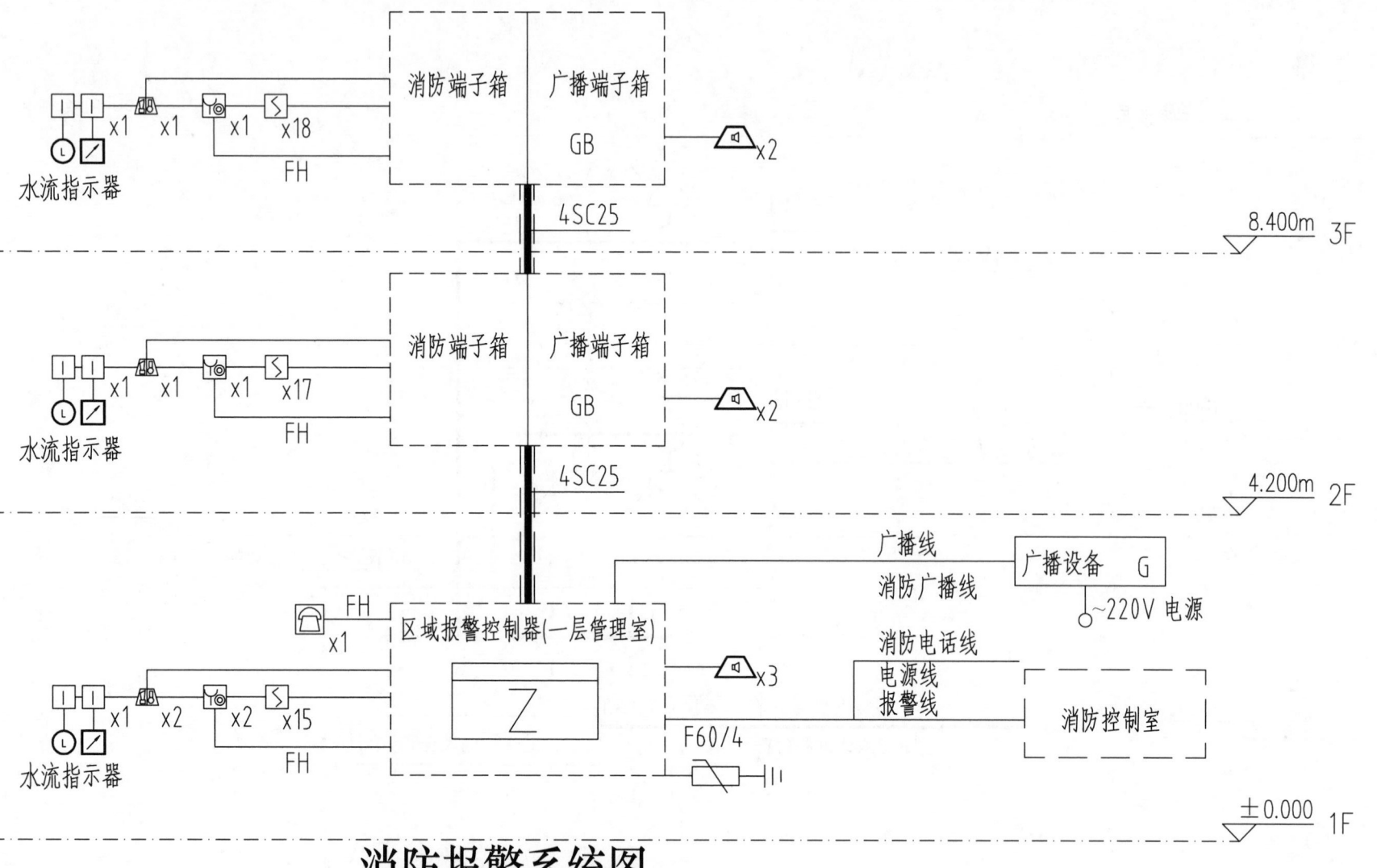

消防报警系统设计说明

1. 本工程选用区域火灾报警控制系统，区域型火灾报警控制器设置于一层管理室，消防端子箱设于二层管理室，明装。消防设置专用电话，火灾探测器，手动报警器等，消防报警信号引至消防控制中心，并显示报警部位。

2. 在宿舍与公共空间处设感烟探测器，在各层出入口设手动报警按钮及消防电话插孔及声光报警装置；报警线路进线后引至区域型火灾报警控制器所，后沿金属线槽引至二层接线端子箱；报警线路经区域型火灾报警控制器引至消防控制室。

3. 消防报警线路、消防广播、消防电话等均穿SC20管于建筑物墙、地面、顶板暗敷设，并应敷设在不燃烧体的结构层内，且保护厚度不宜小于30mm。

消防报警系统图

消防图例说明

序号	图例	名　称	规格型号	安装方式	单位	备注
1		区域型火灾报警控制器		距地1.4m安装	台	
2		火灾报警接线端子箱		距地1.4m安装	个	
3		感烟探测器		吸顶安装	个	
4		报警电话		距地1.4m安装	个	
5		手动报警按钮		距地1.4m安装	个	
6		声光报警器		距地2.5m安装	个	
7		吸顶式扬声器		吸顶安装	个	
8		监测模块				

火灾报警系统电缆表

——— S ———	报警总线	NHRVS-2×1.5 SC15 CC
——— D ———	电源线	NHBV-2×2.5 SC20 CC
——— FH ———	报警电话线、消防直通电话线	NHRVS-2×1.0 SC15 FC,WC
——— B ———	紧急广播线	NHRVV-3×1.5 SC15 CC,WC

建设单位	×××公司	图名	消防报警系统图	图幅	A3
工程名称	员工宿舍楼			图号	电施-06
				比例	1:100

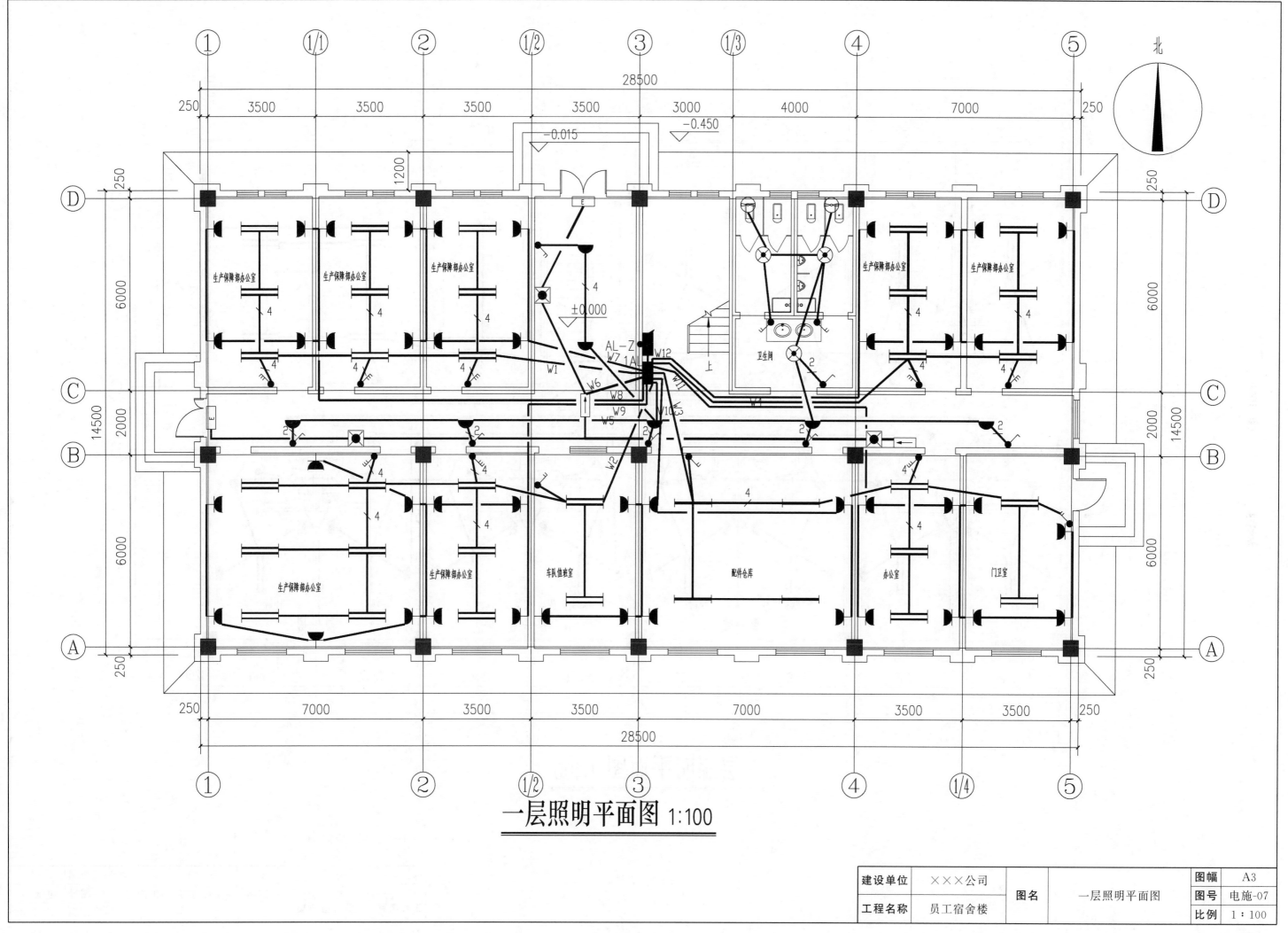

一层照明平面图 1:100

建设单位	×××公司	图名	一层照明平面图	图幅	A3
工程名称	员工宿舍楼			图号	电施-07
				比例	1:100

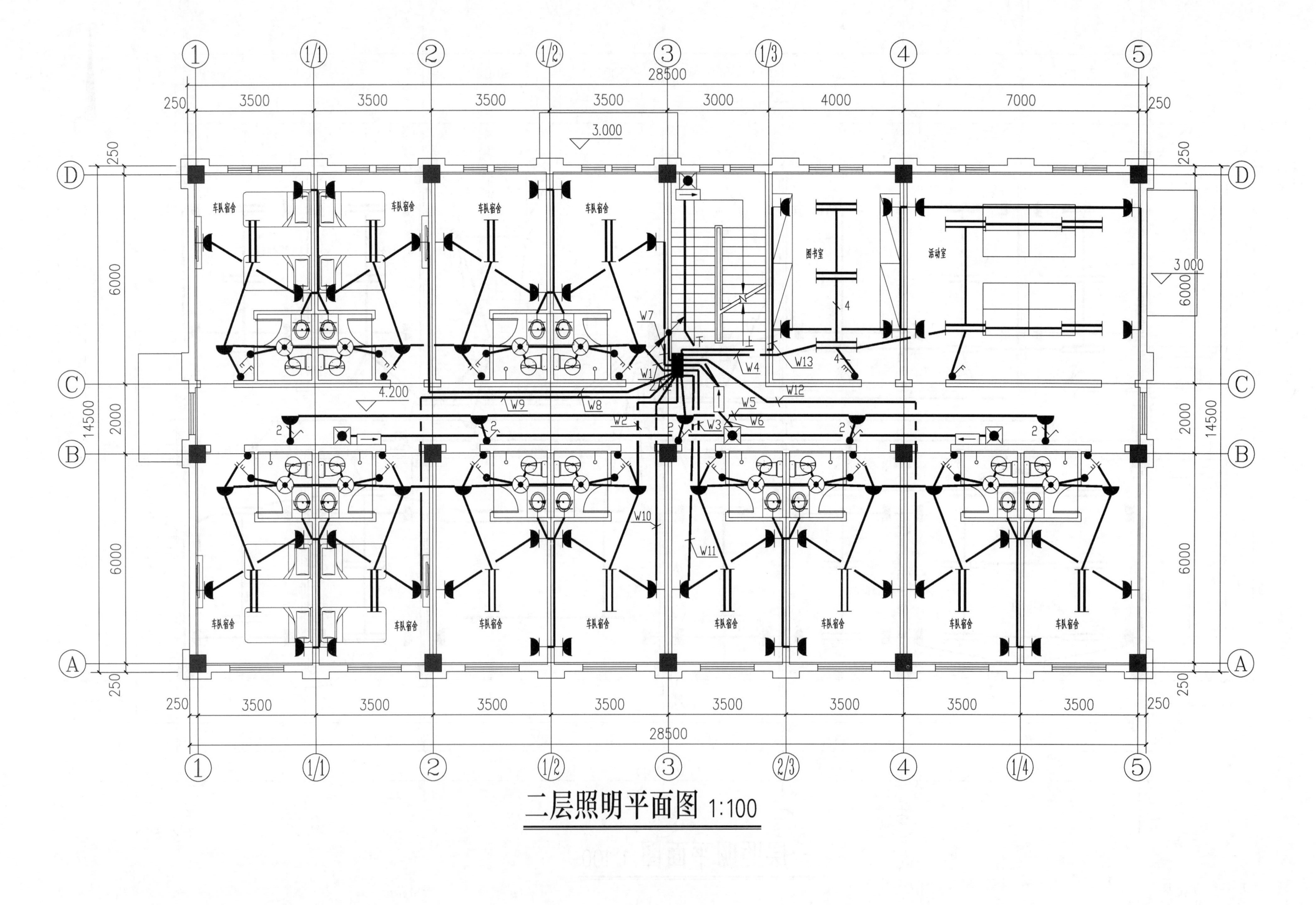

二层照明平面图 1:100

建设单位	×××公司	图名	二层照明平面图	图幅	A3
				图号	电施-08
工程名称	员工宿舍楼			比例	1:100

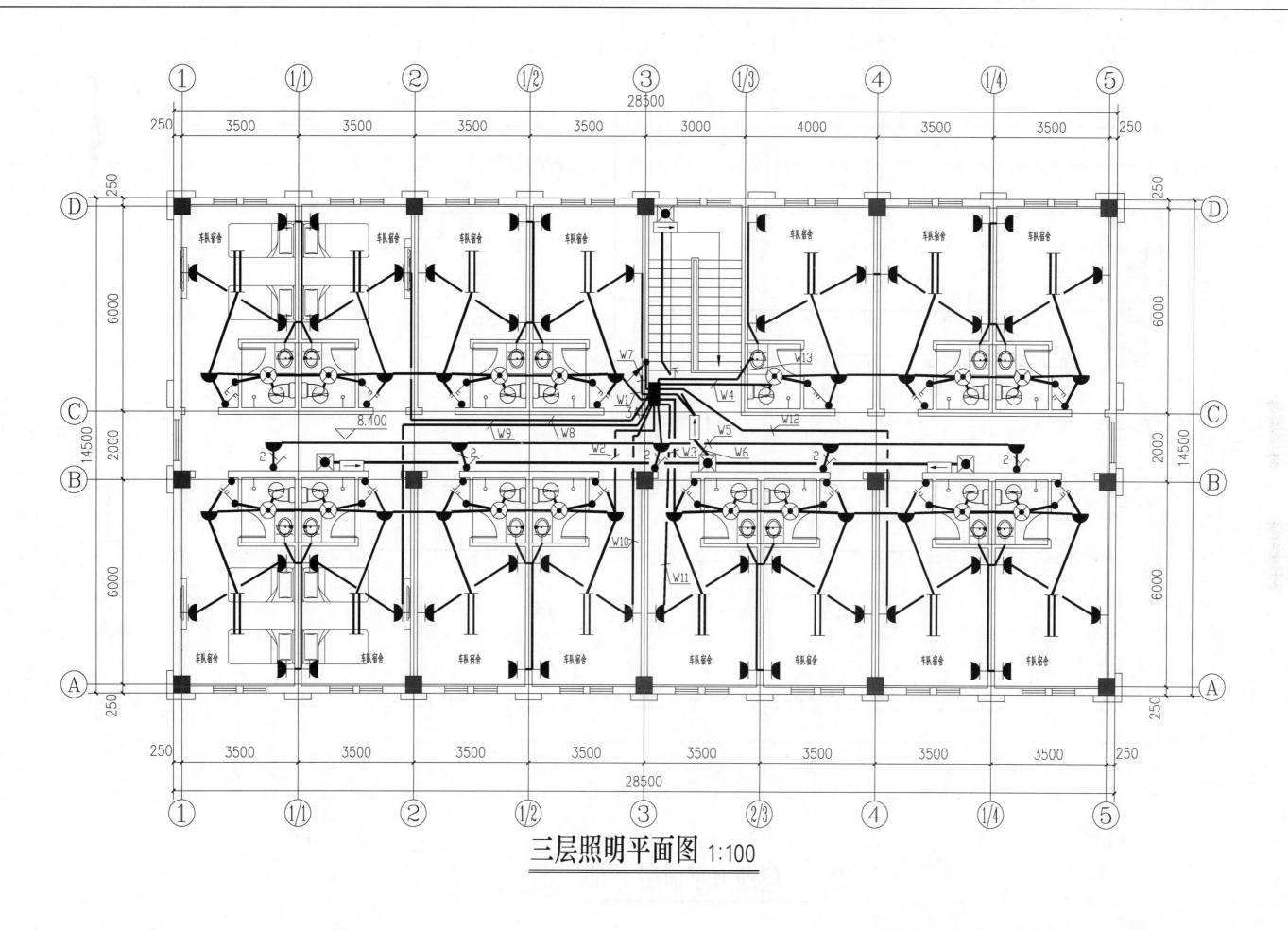

三层照明平面图 1:100

建设单位	×××公司	图名	三层照明平面图	图幅	A3
				图号	电施-09
工程名称	员工宿舍楼			比例	1:100

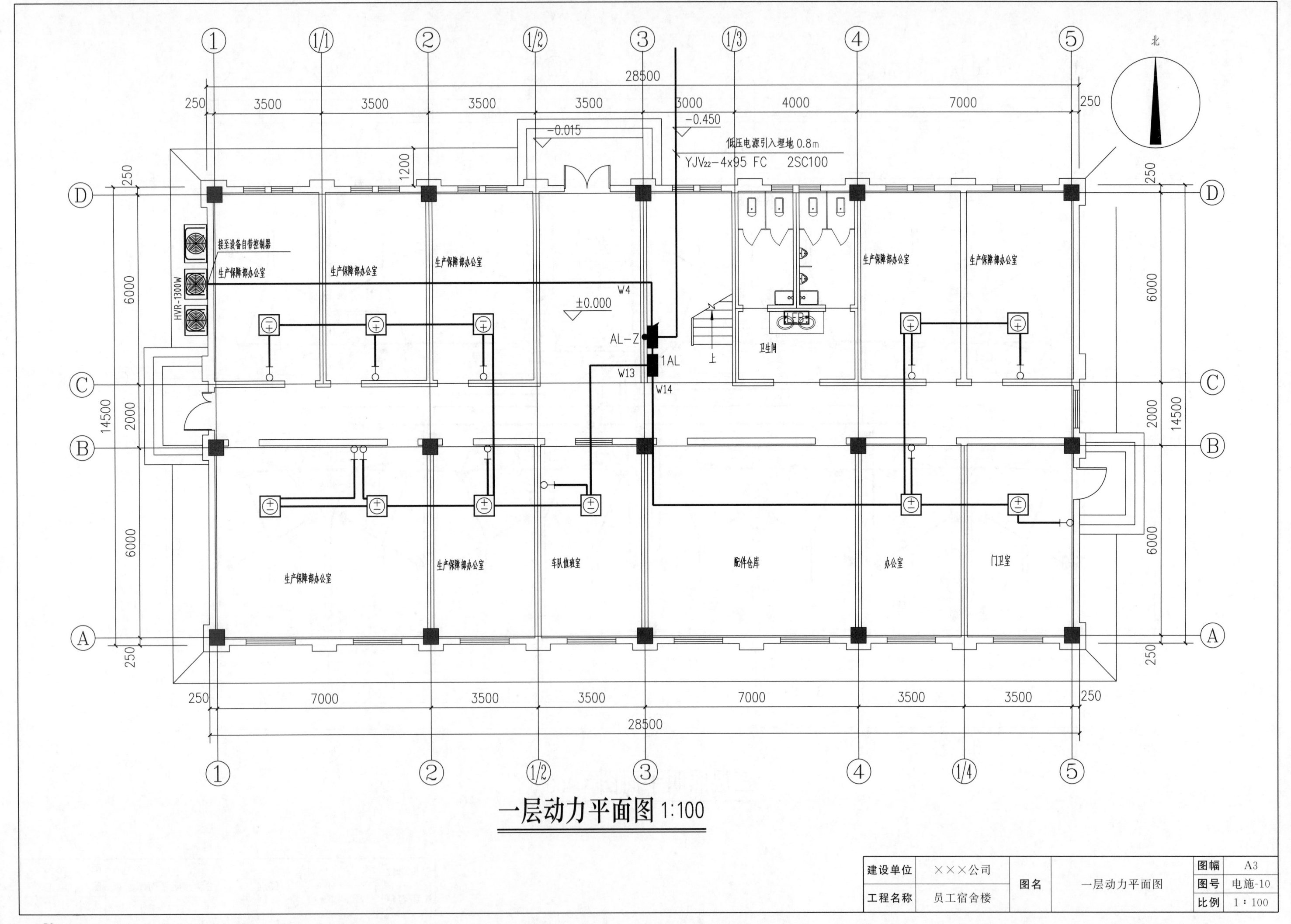

一层动力平面图 1:100

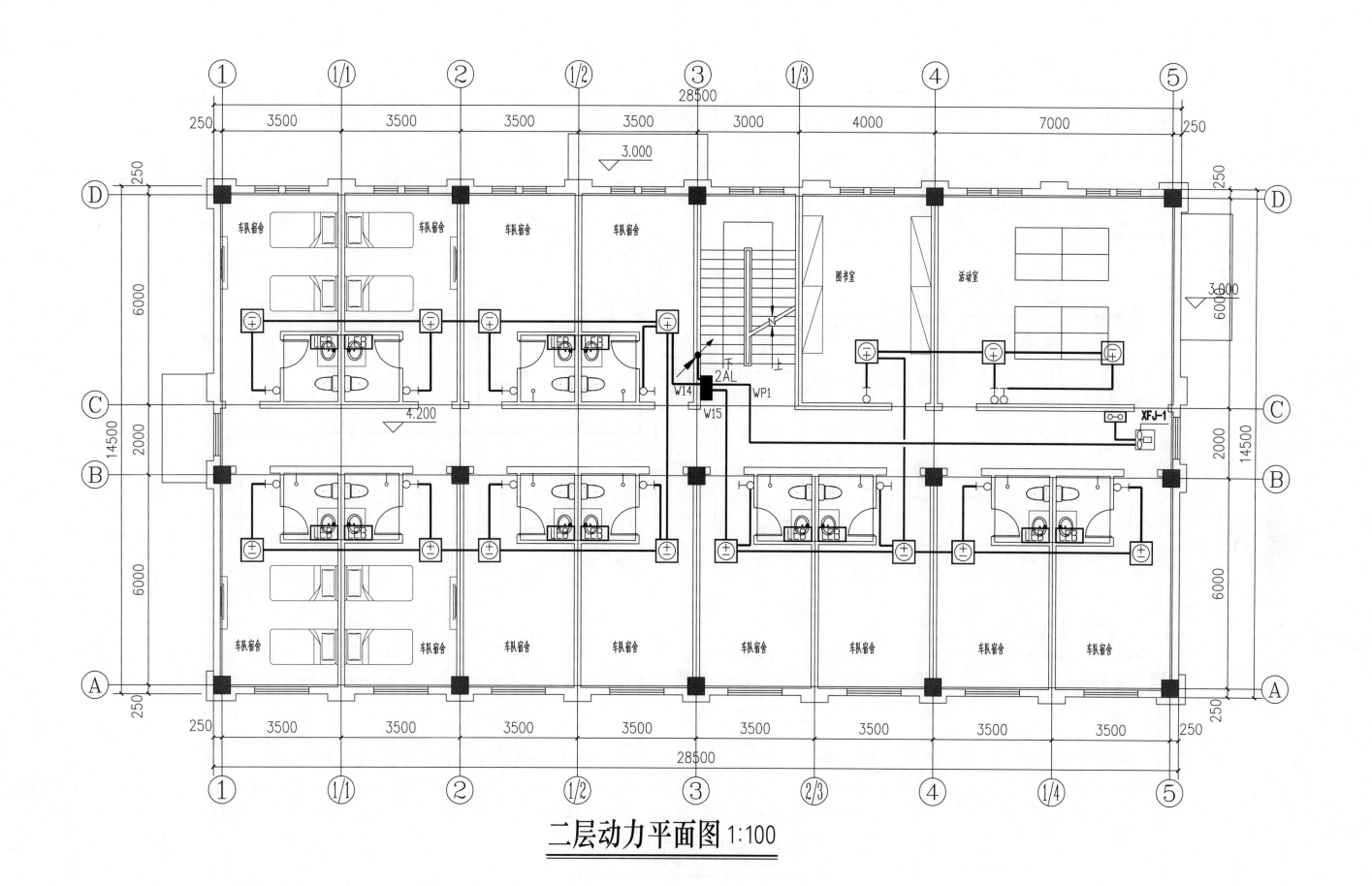

二层动力平面图 1:100

建设单位	×××公司			图幅	A3
		图名	二层动力平面图	图号	电施-11
工程名称	员工宿舍楼			比例	1：100

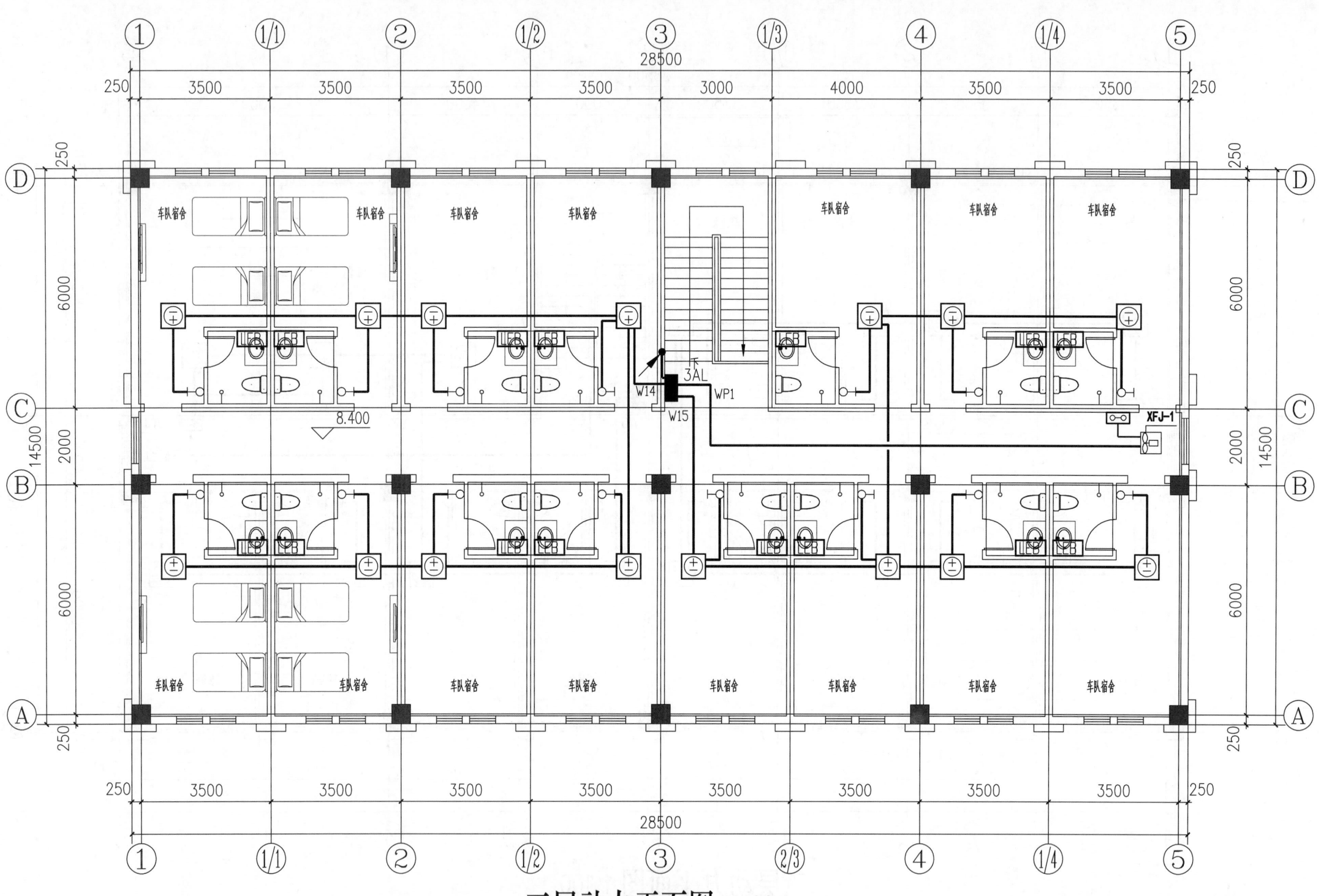

三层动力平面图 1:100

建设单位	×××公司	图名	三层动力平面图	图幅	A3
				图号	电施-12
工程名称	员工宿舍楼			比例	1：100

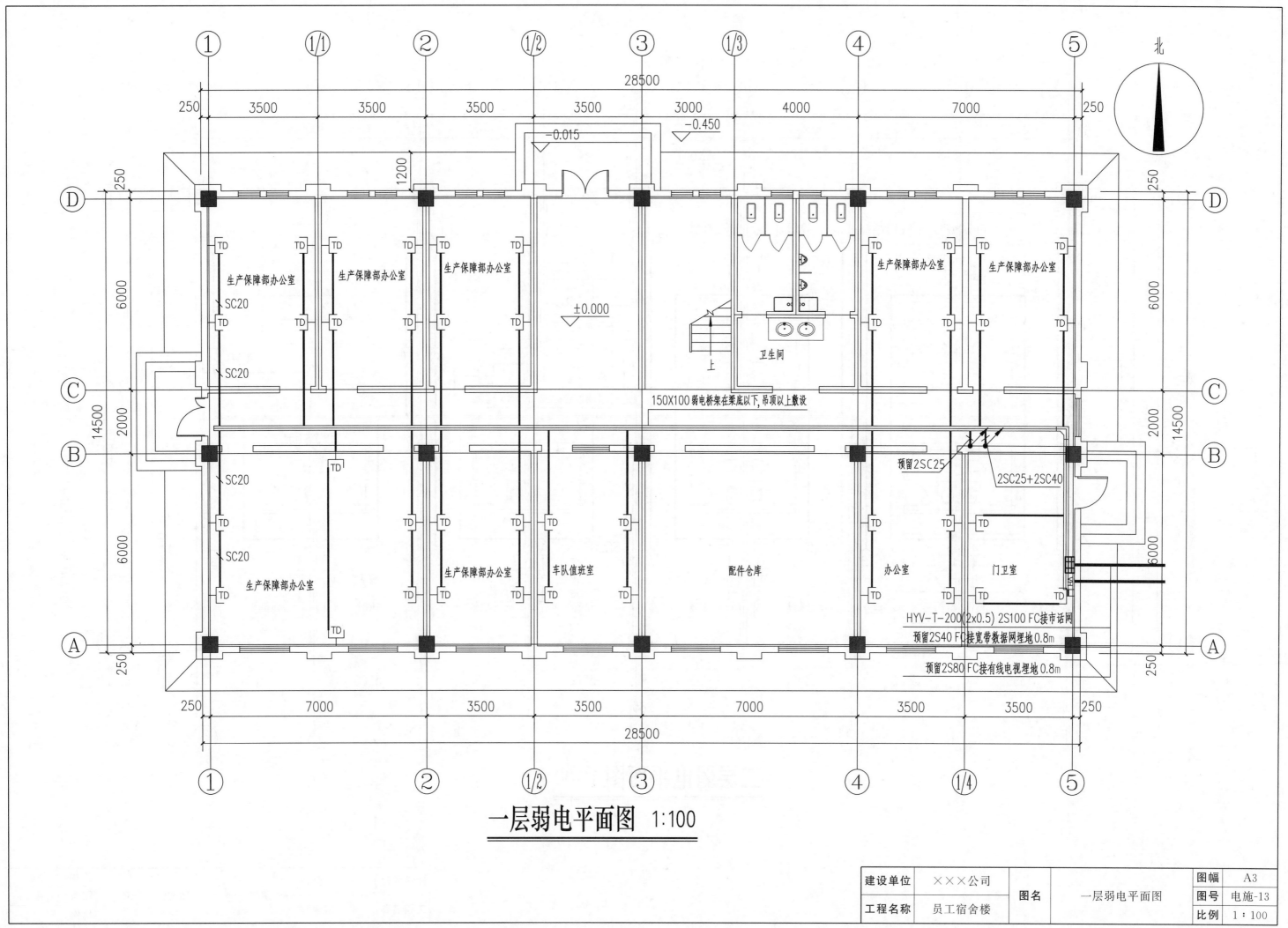

一层弱电平面图 1:100

建设单位	×××公司	图名	一层弱电平面图	图幅	A3
				图号	电施-13
工程名称	员工宿舍楼			比例	1:100

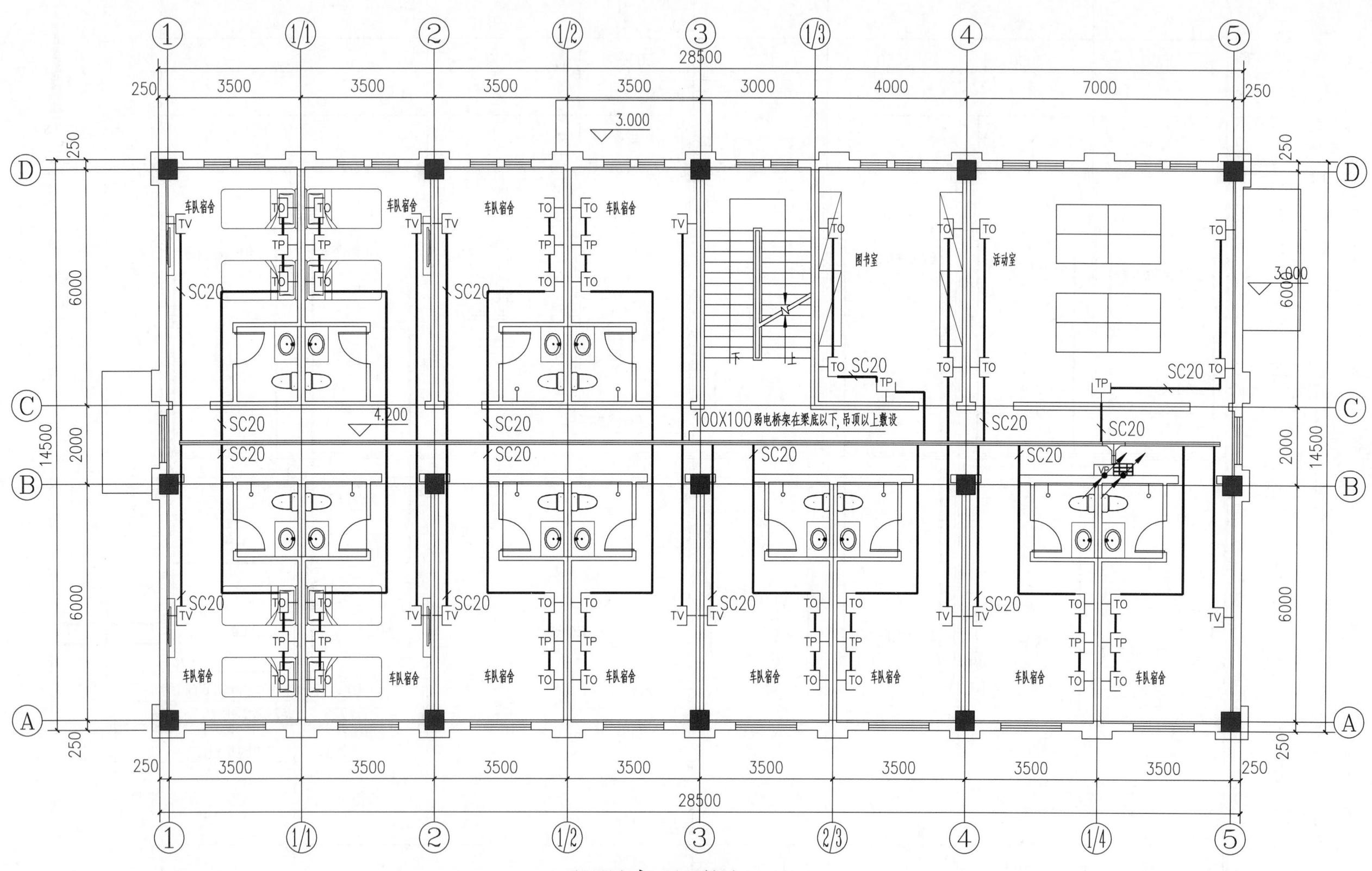

二层弱电平面图 1:100

建设单位	×××公司	图名	二层弱电平面图	图幅	A3
				图号	电施-14
工程名称	员工宿舍楼			比例	1：100

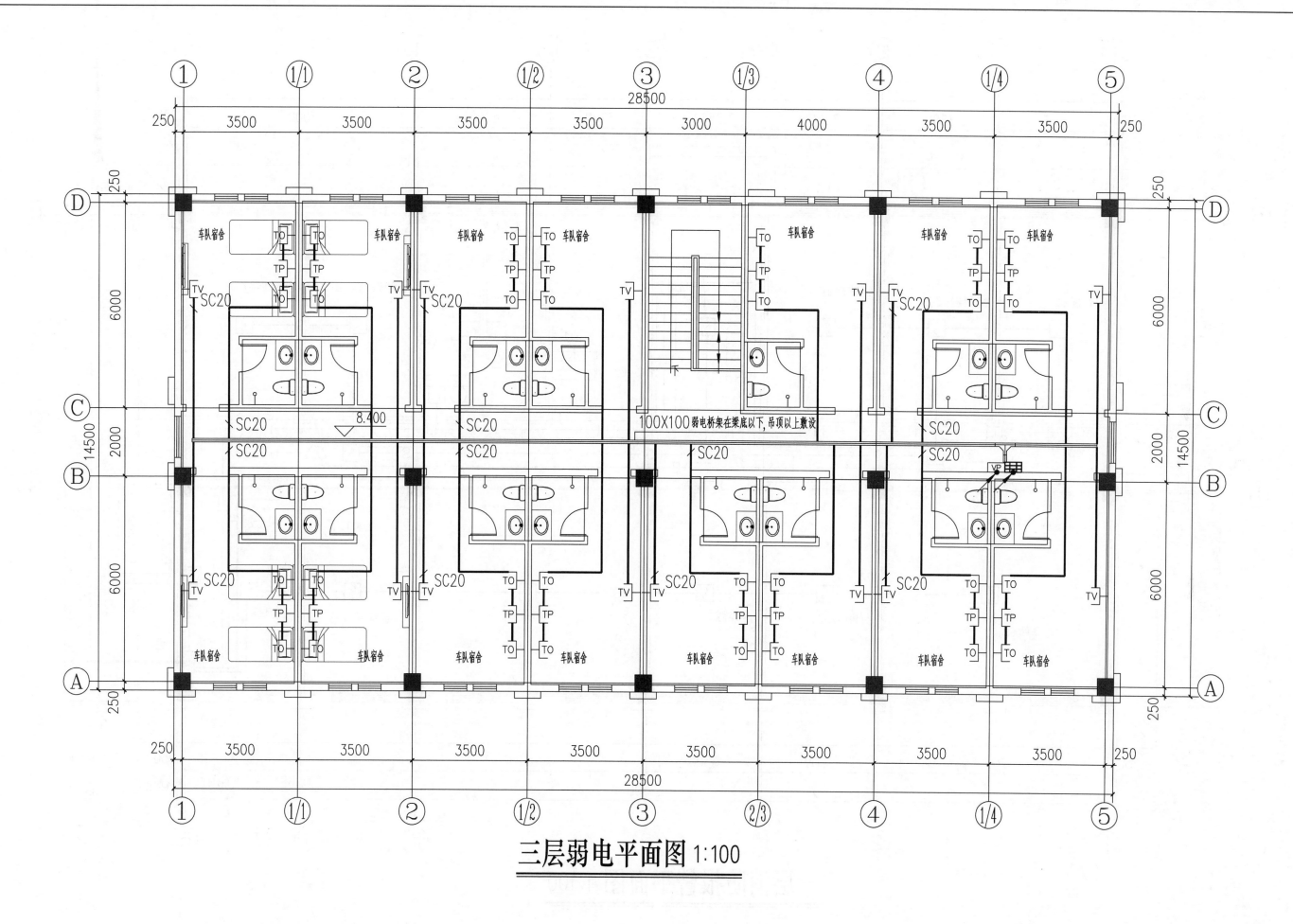

三层弱电平面图 1:100

建设单位	×××公司	图名	三层弱电平面图	图幅	A3
工程名称	员工宿舍楼			图号	电施-15
				比例	1：100

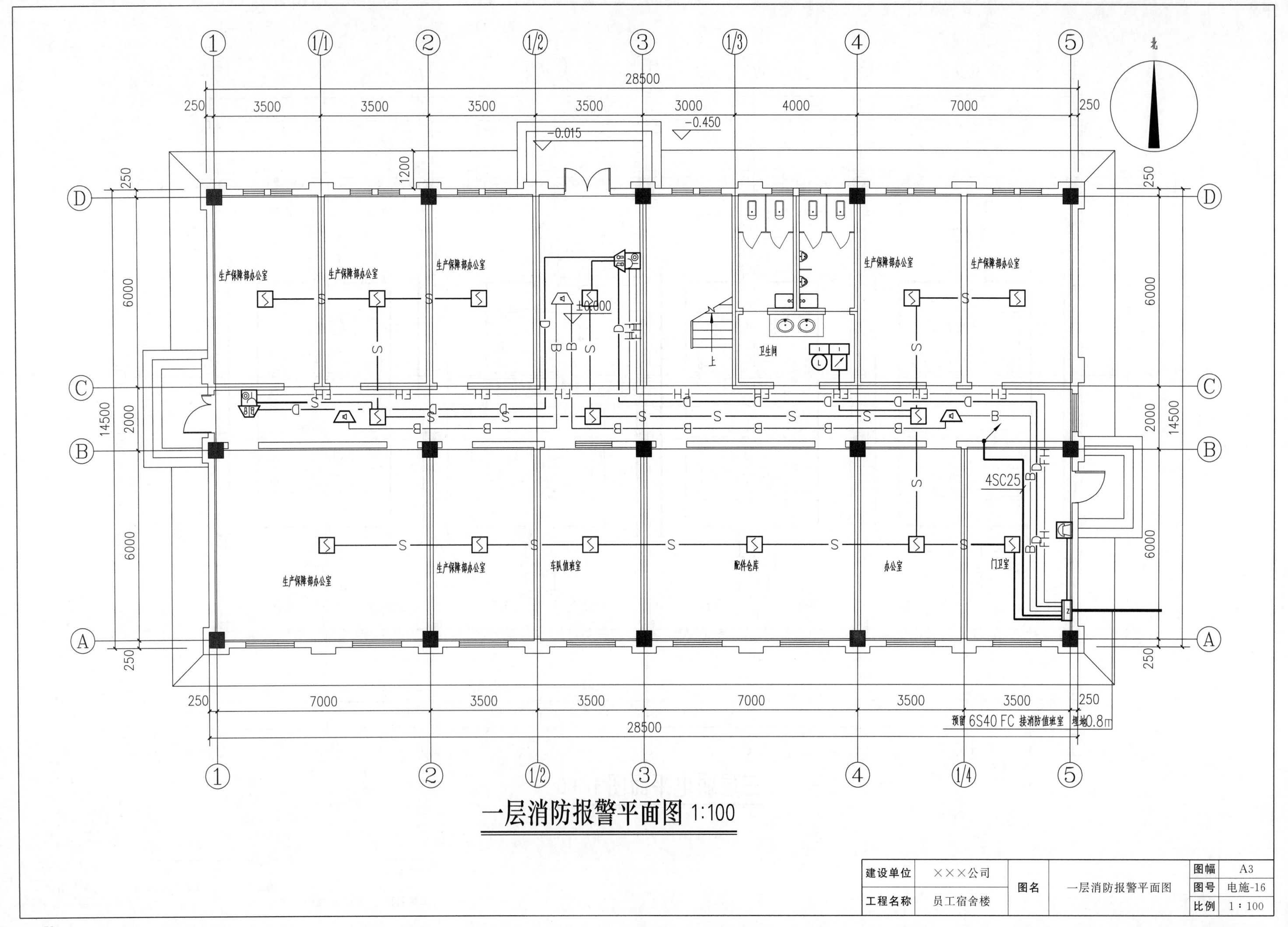

一层消防报警平面图 1:100

建设单位	×××公司			图幅	A3
工程名称	员工宿舍楼	图名	一层消防报警平面图	图号	电施-16
				比例	1：100

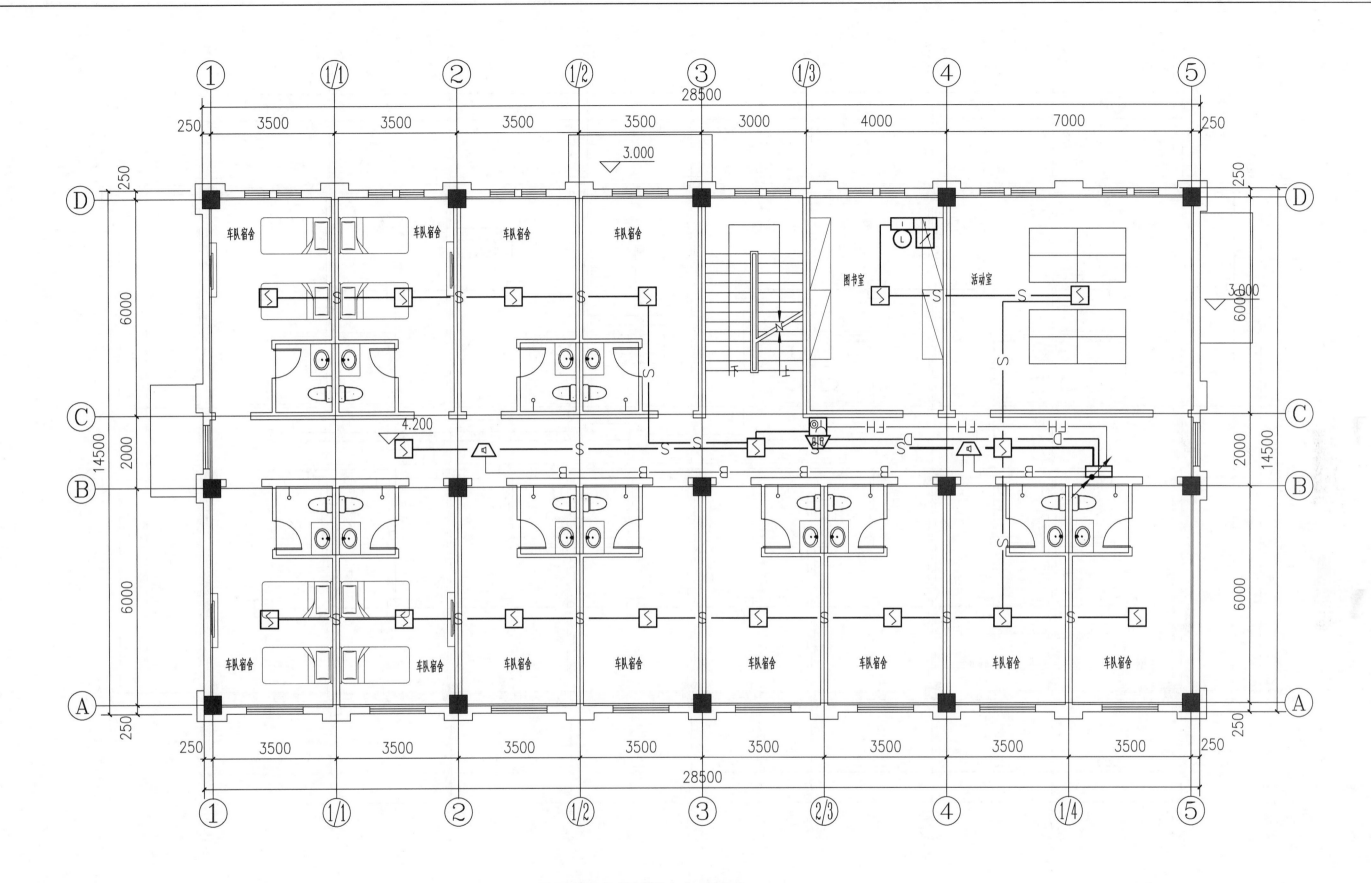

二层消防报警平面图 1:100

建设单位	×××公司	图名	二层消防报警平面图	图幅	A3
工程名称	员工宿舍楼			图号	电施-17
				比例	1：100

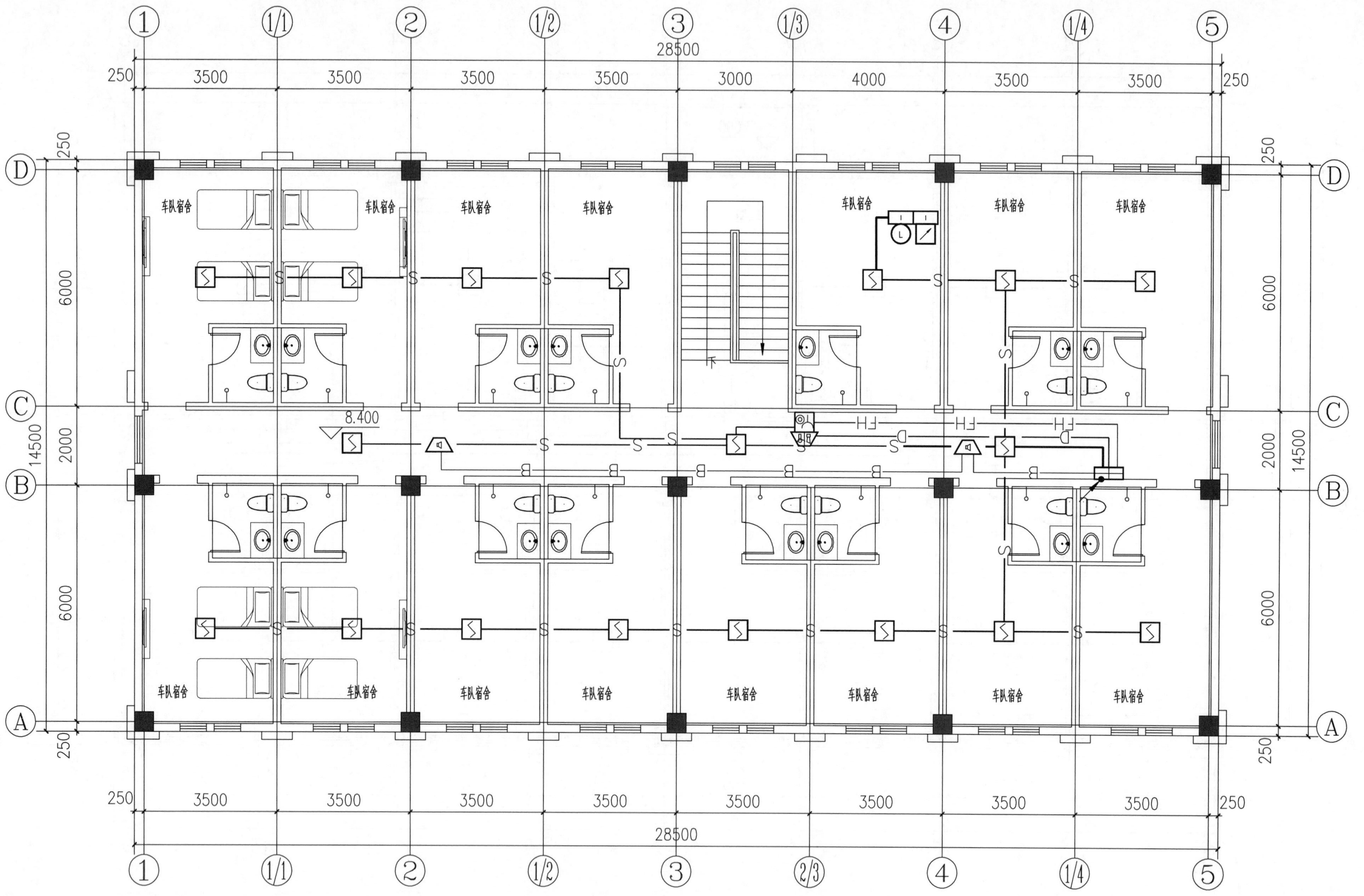

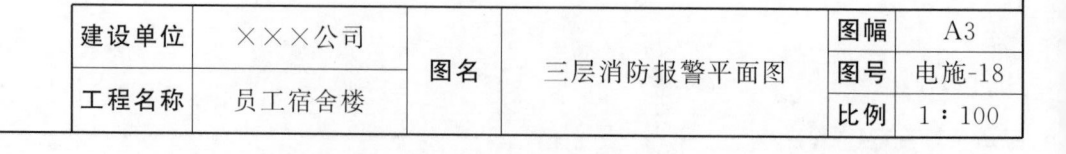

三消防报警平面图 1:100

建设单位	×××公司	图名	三层消防报警平面图	图幅	A3
				图号	电施-18
工程名称	员工宿舍楼			比例	1:100

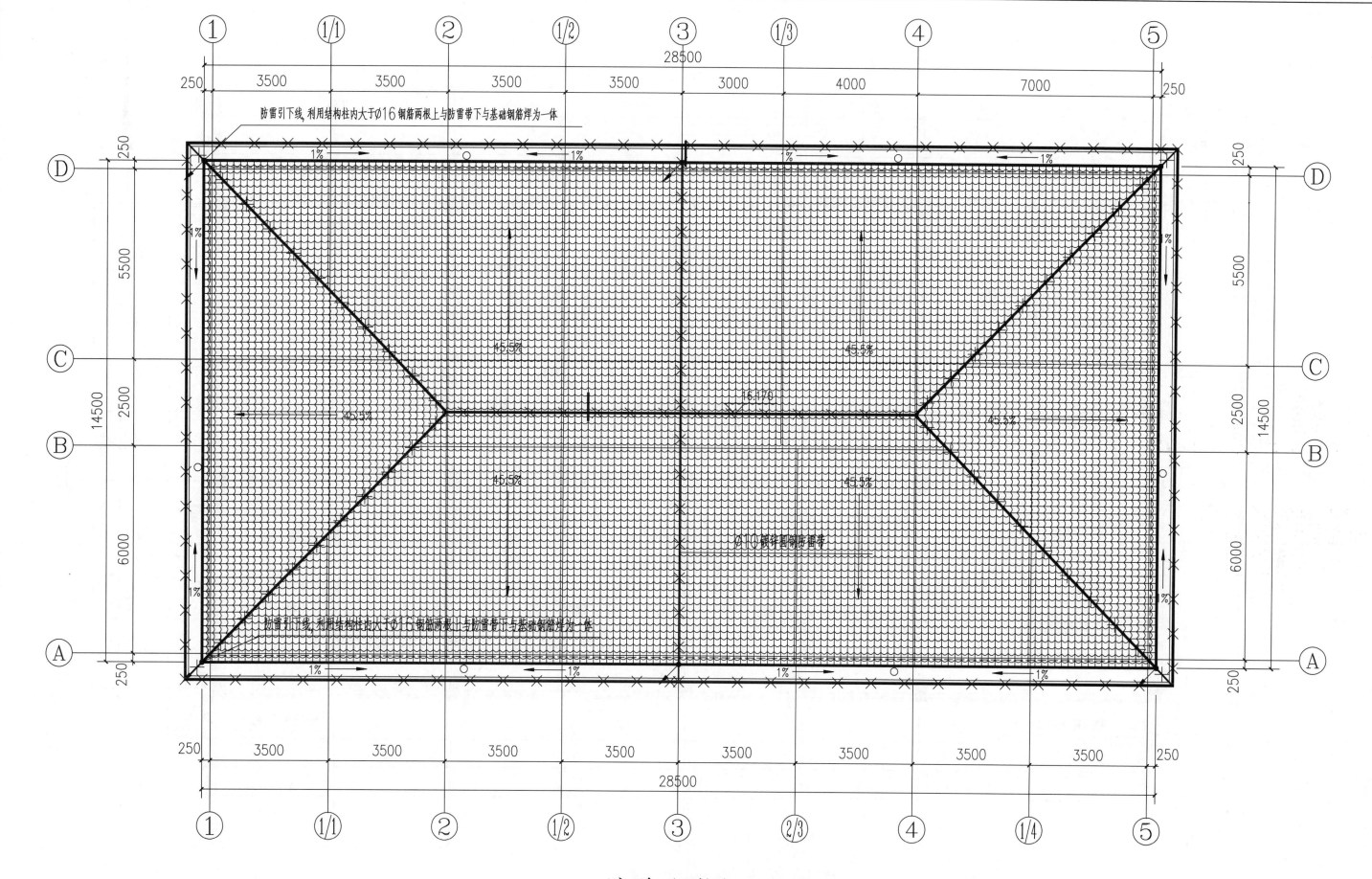

防雷平面图 1:100

注：所有屋顶高出屋面的金属管线和金属构件均于避雷带焊接。

防雷引下线,利用结构柱内大于Ø16钢筋两根上与防雷带下与基础钢筋焊为一体

防雷引下线,利用结构柱内大于Ø16钢筋两根上与防雷带下与基础钢筋焊为一体

Ø10镀锌圆钢防雷带

建设单位	×××公司	图名	防雷平面图	图幅	A3
工程名称	员工宿舍楼			图号	电施-19
				比例	1：100

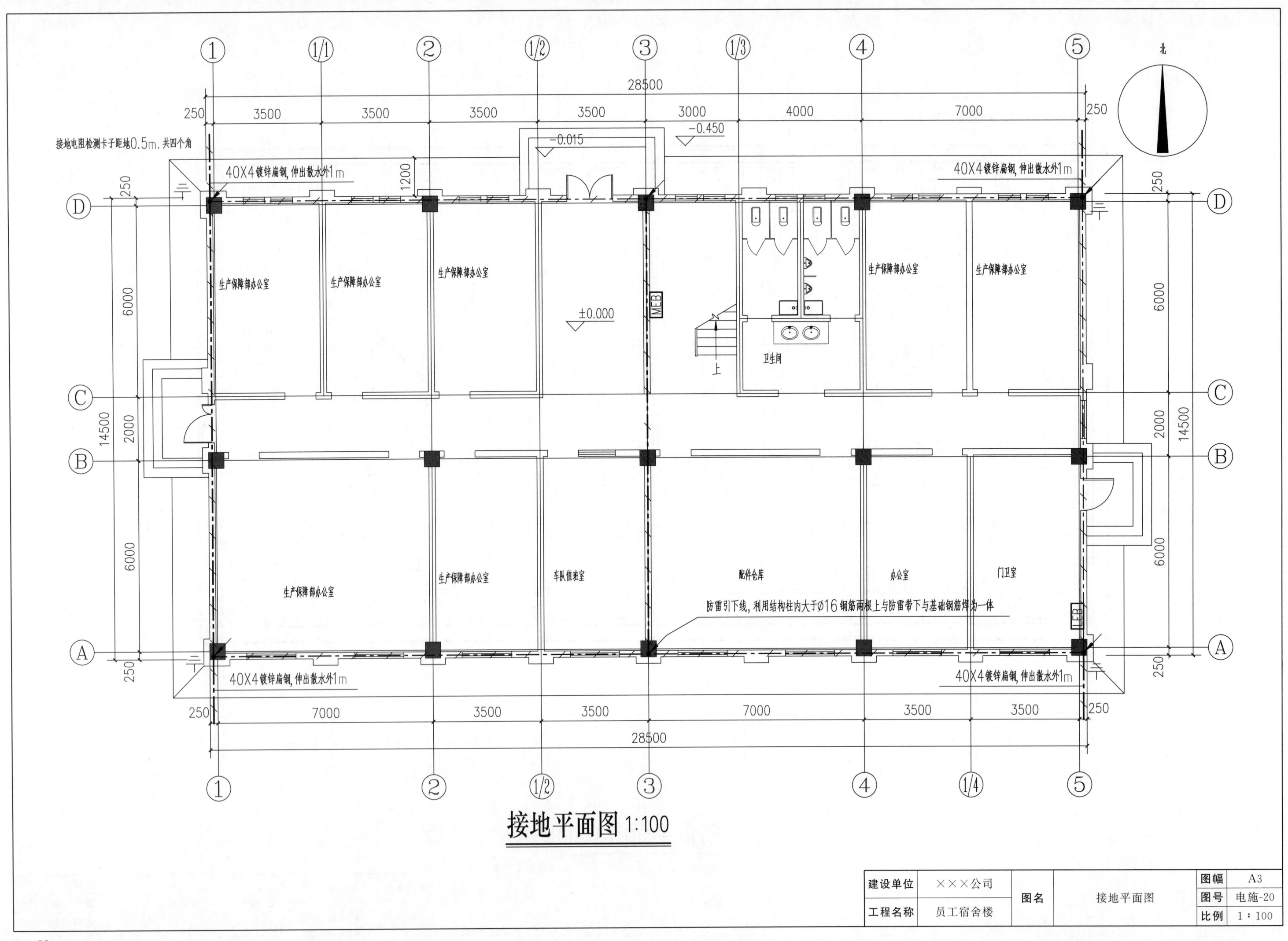

接地平面图 1:100

建设单位	×××公司	图名	接地平面图	图幅	A3
工程名称	员工宿舍楼			图号	电施-20
				比例	1:100